計算力がぐんぐんのびる!

このふろくは
すべての教科書に対応した
全教科書版です。

年 組	名前

「計算練習ノート」はとりはずして使用できます。

1 かけ算のきまり

とく点
/100点

□にあてはまる数を書きましょう。 1つ6〔48点〕

❶ 8×3=3×□=□
❷ 4×7=7×□=□
❸ 5×2=2×□=□
❹ 3×1=1×□=□
❺ 9×5=9×4+□
❻ 9×5=9×6−□
❼ 6×8=6×7+□
❽ 6×8=6×9−□

計算をしましょう。 1つ5〔20点〕

❾ 0×8
❿ 7×0
⓫ 0×0
⓬ 5×0

□にあてはまる数を書きましょう。 1つ8〔32点〕

⓭ 7×5＜ 3 ×5=□ ／ □×5=□ ｝あわせて□

⓮ 10×9＜ 6×□=□ ／ 4×□=□ ｝あわせて□

⓯ 13×4＜ 8×□=□ ／ □×4=□ ｝あわせて□

⓰ 15×6＜ 10×□=□ ／ □×6 =□ ｝あわせて□

2 わり算(1)

とく点

/100点

計算をしましょう。　1つ5〔90点〕

❶ 18÷2　❷ 32÷8

❸ 45÷9　❹ 6÷3

❺ 24÷8　❻ 30÷6

❼ 35÷5　❽ 27÷9

❾ 12÷3　❿ 16÷2

⓫ 8÷1　⓬ 4÷4

⓭ 36÷6　⓮ 63÷7

⓯ 8÷4　⓰ 7÷1

⓱ 49÷7　⓲ 30÷5

色紙が45まいあります。5人で同じ数ずつ分けると、1人分は何まいになりますか。　1つ5〔10点〕

式

答え（　　　）

3 わり算(2)

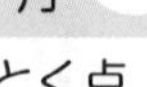

とく点
/100点

🍎計算をしましょう。　1つ5〔90点〕

❶ 14÷2　❷ 40÷5

❸ 56÷7　❹ 36÷4

❺ 5÷1　❻ 40÷8

❼ 16÷4　❽ 24÷6

❾ 7÷7　❿ 63÷9

⓫ 9÷3　⓬ 42÷6

⓭ 9÷1　⓮ 15÷5

⓯ 12÷2　⓰ 21÷3

⓱ 72÷8　⓲ 36÷9

🍓35こあるあめを、1人に7こずつ分けると、何人に分けられますか。

式　1つ5〔10点〕

答え（　　　）

4 時こくと時間

とく点

/100点

□にあてはまる数を書きましょう。　1つ6〔48点〕

❶ 1時間＝□分　　❷ 2分＝□秒（びょう）

❸ 3時間20分＝□分　　❹ 150分＝□時間□分

❺ 1分55秒＝□秒　　❻ 105秒＝□分□秒

❼ 4分38秒＝□秒　　❽ 196秒＝□分□秒

次（つぎ）の時こくをもとめましょう。　1つ10〔20点〕

❾ 3時30分から50分後の時こく

（　　　　）

❿ 5時20分から40分前の時こく

（　　　　）

次の時間をもとめましょう。　1つ10〔20点〕

⓫ 午前8時50分から午前9時40分までの時間

（　　　　）

⓬ 午後4時30分から午後5時10分までの時間

（　　　　）

国語を40分、算数を50分勉（べん）強しました。あわせて何時間何分勉強しましたか。　1つ6〔12点〕

式

答え（　　　　）

●勉強した日　月　日

5 たし算とひき算(1)

時間 20分

とく点　/100点

計算をしましょう。　1つ6〔54点〕

❶ 423＋316　❷ 275＋22　❸ 547＋135

❹ 680＋241　❺ 363＋178　❻ 459＋298

❼ 570＋176　❽ 667＋38　❾ 791＋9

計算をしましょう。　1つ6〔36点〕

⑩ 837＋362　⑪ 927＋255　⑫ 693＋854

⑬ 826＋588　⑭ 982＋18　⑮ 417＋783

761cmと949cmのひもがあります。あわせて何cmありますか。

式　1つ5〔10点〕

答え（　　　）

●勉強した日　月　日

6 たし算とひき算 (2)

とく点

/100点

計算をしましょう。　1つ6〔54点〕

❶ 827−113　❷ 758−46　❸ 694−235

❹ 568−276　❺ 921−437　❻ 726−356

❼ 854−86　❽ 573−9　❾ 618−584

計算をしましょう。　1つ6〔36点〕

❿ 708−365　⓫ 805−647　⓬ 900−289

⓭ 300−64　⓮ 507−439　⓯ 403−398

917だんある階(かい)だんがあります。いま、478だんまでのぼりました。あと何だんのこっていますか。　1つ5〔10点〕

式

答え（　　　）

●勉強した日　月　日

7 たし算とひき算(3)

とく点

/100点

計算をしましょう。　1つ6〔36点〕

❶ 963＋357　❷ 984＋29　❸ 995＋8

❹ 1000－283　❺ 1005－309　❻ 1002－7

計算をしましょう。　1つ6〔54点〕

❼ 1376＋2521　❽ 4458＋3736　❾ 5285＋1832

❿ 1429－325　⓫ 1357－649　⓬ 2138－568

⓭ 3218－2107　⓮ 4385－3639　⓯ 3408－3099

3845円の服(ふく)を買って、4000円はらいました。おつりはいくらですか。

式　1つ5〔10点〕

答え（　　　）

8 長さ

とく点
/100点

□にあてはまる数を書きましょう。 1つ7〔84点〕

❶ 2km＝□m　❷ 5000m＝□km

❸ 2800m＝□km□m　❹ 4080m＝□km□m

❺ 3km400m＝□m　❻ 5km50m＝□m

❼ 400m＋700m＝□km□m

❽ 2km600m＋200m＝□km□m

❾ 1km700m＋300m＝□km

❿ 1km－400m＝□m

⓫ 2km－600m＝□km□m

⓬ 3km800m－500m＝□km□m

学校から駅(えき)までの道のりは1km900m、学校から図書館(かん)までの道のりは600mです。学校からは、駅までと図書館までのどちらの道のりのほうが何km何m長いですか。 1つ8〔16点〕

式

答え（　　）

9 あまりのあるわり算(1)

とく点
/100点

計算をしましょう。　1つ5〔90点〕

❶ 27÷7　❷ 16÷5

❸ 13÷2　❹ 19÷7

❺ 22÷5　❻ 15÷2

❼ 79÷9　❽ 28÷3

❾ 43÷6　❿ 51÷8

⓫ 38÷4　⓬ 54÷7

⓭ 21÷6　⓮ 25÷4

⓯ 22÷3　⓰ 62÷8

⓱ 32÷5　⓲ 51÷9

70本のえん筆(ぴつ)を、9本ずつたばにします。何たばできて、何本あまりますか。　1つ5〔10点〕

式

答え（　　　　　　）

10 あまりのあるわり算(2)

とく点　/100点

計算をしましょう。　1つ5〔90点〕

❶ 13÷4　❷ 5÷3

❸ 58÷7　❹ 85÷9

❺ 19÷9　❻ 50÷6

❼ 19÷3　❽ 26÷5

❾ 13÷8　❿ 30÷4

⓫ 26÷3　⓬ 46÷8

⓭ 44÷5　⓮ 11÷2

⓯ 9÷2　⓰ 35÷4

⓱ 27÷6　⓲ 22÷7

あめが60こあります。1ふくろに8こずつ入れていきます。全部(ぜんぶ)のあめをふくろに入れるには、何ふくろいりますか。　1つ5〔10点〕

式

答え（　　　）

●勉強した日　　月　　日

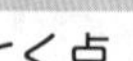

11 １けたをかけるかけ算(1)

とく点　　/100点

計算をしましょう。　1つ6〔54点〕

① 20×4　② 30×3　③ 10×7

④ 20×5　⑤ 30×8　⑥ 50×9

⑦ 200×3　⑧ 100×6　⑨ 400×8

計算をしましょう。　1つ6〔36点〕

⑩ 11×9　⑪ 24×2　⑫ 32×3

⑬ 12×5　⑭ 17×4　⑮ 14×6

１たば１３まいある画用紙が７たばあります。全部(ぜんぶ)で何まいありますか。

式　1つ5〔10点〕

答え（　　　　）

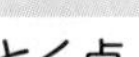

12 1けたをかけるかけ算(2)

とく点

/100点

計算をしましょう。 1つ6〔36点〕

❶ 64×2　❷ 52×4　❸ 73×3

❹ 41×7　❺ 92×2　❻ 21×8

計算をしましょう。 1つ6〔54点〕

❼ 32×5　❽ 27×9　❾ 15×7

❿ 35×4　⓫ 19×6　⓬ 53×8

⓭ 68×9　⓮ 46×3　⓯ 98×5

1こ85円のガムを6こ買うと、代金(だい)はいくらですか。 1つ5〔10点〕

式

答え（　　　　）

13 1けたをかけるかけ算(3)

とく点

/100点

計算をしましょう。　1つ6〔36点〕

❶ 434×2　❷ 122×4　❸ 332×3

❹ 318×3　❺ 235×4　❻ 189×5

計算をしましょう。　1つ6〔54点〕

❼ 520×6　❽ 791×8　❾ 648×7

❿ 863×5　⓫ 415×9　⓬ 973×2

⓭ 298×7　⓮ 504×6　⓯ 609×8

1こ345円のケーキを9こ買うと、代(だい)金はいくらですか。　1つ5〔10点〕

式

答え（　　　　　）

14 1けたをかけるかけ算（4）

とく点
/100点

計算をしましょう。　1つ6〔90点〕

❶ 326×2　❷ 142×4　❸ 151×6

❹ 284×3　❺ 878×2　❻ 923×3

❼ 461×7　❽ 547×4　❾ 834×8

❿ 730×9　⓫ 632×5　⓬ 367×4

⓭ 415×7　⓮ 127×8　⓯ 906×3

1しゅう218mの公園のまわりを6しゅう走りました。全部(ぜんぶ)で何m走りましたか。　1つ5〔10点〕

式

答え（　　　）

●勉強した日　月　日

15 大きい数

とく点

/100点

□にあてはまる等号(とうごう)か不等号(ふとうごう)を書きましょう。　1つ5〔40点〕

❶ 50000 □ 30000　❷ 40000 □ 70000

❸ 2000＋9000 □ 11000　❹ 13000 □ 18000－5000

❺ 600万 □ 700万－200万　❻ 900万 □ 400万＋500万

❼ 8200万 □ 4000万＋5000万　❽ 7000万＋2000万 □ 1億(おく)

計算をしましょう。　1つ5〔60点〕

❾ 5万＋8万　❿ 23万＋39万

⓫ 65万＋35万　⓬ 14万－7万

⓭ 42万－28万　⓮ 100万－63万

⓯ 30×10　⓰ 52×10

⓱ 70×100　⓲ 24×100

⓳ 120÷10　⓴ 300÷10

16 小数(1)

時間 20分　とく点　/100点

計算をしましょう。　1つ5〔90点〕

❶ 0.5＋0.2　❷ 0.6＋1.3

❸ 0.2＋0.8　❹ 0.7＋0.3

❺ 0.5＋3　❻ 0.4＋0.7

❼ 0.6＋0.6　❽ 0.9＋0.5

❾ 3.4＋5.3　❿ 5.1＋1.7

⓫ 2.6＋4.6　⓬ 3.3＋5.9

⓭ 4.4＋2.7　⓮ 2.6＋3.4

⓯ 5.2＋1.8　⓰ 4＋1.8

⓱ 4.7＋16　⓲ 2.8＋7.2

1.6Lの牛にゅうと2.4Lの牛にゅうがあります。あわせて何Lありますか。　1つ5〔10点〕

式

答え（　　　）

17 小数(2)

時間20分

とく点　/100点

計算をしましょう。　1つ5〔90点〕

❶ 0.9－0.6　　❷ 2.7－0.5

❸ 1－0.4　　❹ 3.6－3

❺ 1.3－0.5　　❻ 1.6－0.9

❼ 4.8－1.3　　❽ 6.7－4.5

❾ 7.2－2.7　　❿ 8.4－3.9

⓫ 2.6－1.8　　⓬ 4.3－3.6

⓭ 5.9－5.2　　⓮ 8.5－1.5

⓯ 6.3－4.3　　⓰ 5－2.2

⓱ 14－3.4　　⓲ 7.6－6

テープが8mあります。そのうち1.2mを使(つか)うと、何mのこりますか。

式　1つ5〔10点〕

答え（　　　）

18 小数（3）

とく点　/100点

計算をしましょう。　1つ5〔90点〕

❶ 0.7＋0.9　❷ 0.5＋0.6

❸ 2.7＋4.4　❹ 3.2＋1.8

❺ 13＋7.4　❻ 8.4＋3.7

❼ 7.5＋2.8　❽ 4.6＋5.4

❾ 6.1＋5.9　❿ 4.7－3.2

⓫ 8.7－5.5　⓬ 6.7－1.8

⓭ 7.3－2.7　⓮ 5.3－3

⓯ 4－2.3　⓰ 7.6－2.6

⓱ 6.2－5.7　⓲ 8.3－7.7

白いテープが8.2m、赤いテープが2.8mあります。どちらのテープが何m長いですか。　1つ5〔10点〕

式

答え（　　　　）

19 分数(1)

とく点

/100点

計算をしましょう。　1つ6〔90点〕

① $\frac{1}{4}+\frac{2}{4}$

② $\frac{2}{9}+\frac{5}{9}$

③ $\frac{1}{6}+\frac{4}{6}$

④ $\frac{1}{2}+\frac{1}{2}$

⑤ $\frac{2}{5}+\frac{2}{5}$

⑥ $\frac{5}{7}+\frac{1}{7}$

⑦ $\frac{4}{8}+\frac{4}{8}$

⑧ $\frac{1}{9}+\frac{4}{9}$

⑨ $\frac{3}{6}+\frac{2}{6}$

⑩ $\frac{1}{3}+\frac{1}{3}$

⑪ $\frac{1}{8}+\frac{2}{8}$

⑫ $\frac{5}{7}+\frac{2}{7}$

⑬ $\frac{4}{9}+\frac{4}{9}$

⑭ $\frac{1}{5}+\frac{3}{5}$

⑮ $\frac{4}{8}+\frac{3}{8}$

$\frac{3}{10}$ L の水が入ったコップと $\frac{6}{10}$ L の水が入ったコップがあります。あわせて何Lありますか。　1つ5〔10点〕

式

答え（　　　　）

●勉強した日　　月　　日

20 分数(2)

とく点　　/100点

計算をしましょう。　1つ6〔90点〕

❶ $\frac{4}{5}-\frac{2}{5}$

❷ $\frac{7}{9}-\frac{5}{9}$

❸ $\frac{3}{6}-\frac{2}{6}$

❹ $\frac{5}{8}-\frac{3}{8}$

❺ $\frac{3}{4}-\frac{1}{4}$

❻ $\frac{7}{10}-\frac{4}{10}$

❼ $\frac{8}{9}-\frac{7}{9}$

❽ $\frac{6}{7}-\frac{3}{7}$

❾ $\frac{7}{8}-\frac{2}{8}$

❿ $1-\frac{1}{3}$

⓫ $1-\frac{5}{8}$

⓬ $1-\frac{5}{6}$

⓭ $1-\frac{2}{7}$

⓮ $1-\frac{3}{5}$

⓯ $1-\frac{4}{9}$

リボンが1mあります。そのうち$\frac{4}{7}$mを使(つか)うと、リボンは何mのこっていますか。　1つ5〔10点〕

式

答え（　　　　）

21 重さ

●勉強した日　月　日

とく点　/100点

□にあてはまる数を書きましょう。　1つ6〔84点〕

❶ 3kg=□g　❷ 1t=□kg

❸ 9000g=□kg　❹ 6000kg=□t

❺ 3600g=□kg□g　❻ 4090kg=□t□kg

❼ 4kg300g=□g　❽ 2t150kg=□kg

❾ 4kg200g+500g=□kg□g

❿ 550g+650g=□kg□g

⓫ 2kg800g+600g=□kg□g

⓬ 850kg−400kg=□kg

⓭ 1kg−900g=□g

⓮ 6kg900g−300g=□kg□g

150gの入れ物(もの)に、みかんを860g入れました。全体(ぜんたい)の重(おも)さは何kg何gになりますか。　1つ8〔16点〕

式

答え（　　　）

22 □を使った式

とく点

/100点

□にあてはまる数をもとめましょう。　1つ10〔100点〕

❶ 23＋□＝70

❷ □＋35＝72

❸ □−46＝29

❹ 8×□＝32

❺ □×4＝36

❻ 54＋□＝103

❼ □＋84＝111

❽ □−78＝25

❾ 65−□＝42

❿ □÷3＝5

23 2けたをかけるかけ算(1)

とく点
/100点

計算をしましょう。　1つ6〔54点〕

❶ 4×20　❷ 8×40　❸ 7×50

❹ 14×20　❺ 18×30　❻ 23×60

❼ 30×90　❽ 40×70　❾ 60×80

計算をしましょう。　1つ6〔36点〕

❿ 17×25　⓫ 22×38　⓬ 19×43

⓭ 29×31　⓮ 26×27　⓯ 36×16

1こ28円のおかしを34こ買うと、代金(だい)はいくらですか。　1つ5〔10点〕

式

答え（　　　）

●勉強した日　月　日

24 2けたをかけるかけ算(2)

とく点

/100点

計算をしましょう。 1つ6〔90点〕

❶ 95×18　❷ 63×23　❸ 78×35

❹ 55×52　❺ 86×26　❻ 71×85

❼ 46×39　❽ 38×94　❾ 58×74

❿ 91×17　⓫ 33×45　⓬ 64×57

⓭ 59×68　⓮ 83×21　⓯ 47×72

1ふくろ35本入りのわゴムが、48ふくろあります。全部(ぜんぶ)で何本ありますか。 1つ5〔10点〕

式

答え（　　　　）

25 2けたをかけるかけ算(3)

とく点
/100点

計算をしましょう。　1つ6〔90点〕

❶ 232×32　❷ 328×29　❸ 259×33

❹ 637×56　❺ 298×73　❻ 541×69

❼ 807×38　❽ 309×51　❾ 502×64

❿ 53×50　⓫ 77×30　⓬ 34×90

⓭ 5×62　⓮ 9×46　⓯ 8×89

1しゅう198mのコースを12しゅう走りました。全部(ぜんぶ)で何km何m走りましたか。　1つ5〔10点〕

式

答え（　　　　）

26 2けたをかけるかけ算(4)

とく点

/100点

計算をしましょう。 1つ6〔90点〕

❶ 138×49　❷ 835×14　❸ 780×59

❹ 351×83　❺ 463×28　❻ 602×95

❼ 149×76　❽ 249×30　❾ 927×19

❿ 453×58　⓫ 278×61　⓬ 905×86

⓭ 783×40　⓮ 561×37　⓯ 341×65

1本235mL入りのジュースが24本あります。全部(ぜんぶ)で何L何mLありますか。 1つ5〔10点〕

式

答え（　　　　）

●勉強した日　　月　　日

27 3年のまとめ (1)

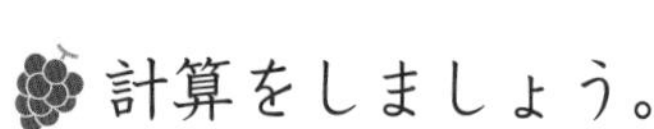

とく点
/100点

計算をしましょう。　1つ5〔90点〕

① 235＋293　② 146＋259　③ 814−367

④ 1035−387　⑤ 2.4＋4.9　⑥ 7.2−1.6

⑦ 18×4　⑧ 45×9　⑨ 265×4

⑩ 39×66　⑪ 476×37　⑫ 680×53

⑬ 48÷8　⑭ 27÷3　⑮ 72÷9

⑯ 0÷4　⑰ 35÷8　⑱ 50÷7

$\frac{9}{10}$、1.1、$\frac{1}{10}$の中で、いちばん大きい数はどれですか。　〔10点〕

⑲ (　　　　)

28 3年のまとめ(2)

とく点

/100点

計算をしましょう。 1つ5〔90点〕

❶ 367＋39　❷ 1267＋2585　❸ 700－118

❹ 4025－66　❺ 3.2＋5.8　❻ 16－4.3

❼ 55×6　❽ 487×3　❾ 35×15

❿ 84×53　⓫ 708×96　⓬ 966×22

⓭ 56÷8　⓮ 32÷4　⓯ 20÷5

⓰ 4÷1　⓱ 57÷9　⓲ 41÷6

180gの箱(はこ)に、1こ65gのケーキを8こ入れました。全(ぜん)体の重(おも)さは何gになりますか。 1つ5〔10点〕

式

答え（　　　）

答え

1
① 8、24　② 4、28
③ 5、10　④ 3、3
⑤ 9　⑥ 9　⑦ 6　⑧ 6
⑨ 0　⑩ 0　⑪ 0　⑫ 0
⑬ 15、4、20、35
⑭ 9、54、9、36、90
⑮ 4、32、5、20、52
⑯ 6、60、5、30、90

2
① 9　② 4　③ 5　④ 2　⑤ 3
⑥ 5　⑦ 7　⑧ 3　⑨ 4　⑩ 8
⑪ 8　⑫ 1　⑬ 6　⑭ 9　⑮ 2
⑯ 7　⑰ 7　⑱ 6
式 45÷5＝9　答え 9まい

3
① 7　② 8　③ 8　④ 9　⑤ 5
⑥ 5　⑦ 4　⑧ 4　⑨ 1　⑩ 7
⑪ 3　⑫ 7　⑬ 9　⑭ 3　⑮ 6
⑯ 7　⑰ 9　⑱ 4
式 35÷7＝5　答え 5人

4
① 60　② 120
③ 200　④ 2、30
⑤ 115　⑥ 1、45
⑦ 278　⑧ 3、16
⑨ 4時20分　⑩ 4時40分
⑪ 50分（50分間）
⑫ 40分（40分間）
式 40＋50＝90　答え 1時間30分

5
① 739　② 297　③ 682
④ 921　⑤ 541　⑥ 757
⑦ 746　⑧ 705　⑨ 800
⑩ 1199　⑪ 1182　⑫ 1547
⑬ 1414　⑭ 1000　⑮ 1200
式 761＋949＝1710
答え 1710cm

6
① 714　② 712　③ 459
④ 292　⑤ 484　⑥ 370
⑦ 768　⑧ 564　⑨ 34
⑩ 343　⑪ 158　⑫ 611
⑬ 236　⑭ 68　⑮ 5
式 917－478＝439　答え 439だん

7
① 1320　② 1013　③ 1003
④ 717　⑤ 696　⑥ 995
⑦ 3897　⑧ 8194　⑨ 7117
⑩ 1104　⑪ 708　⑫ 1570
⑬ 1111　⑭ 746　⑮ 309
式 4000－3845＝155　答え 155円

8
① 2000　② 5
③ 2、800　④ 4、80
⑤ 3400　⑥ 5050
⑦ 1、100　⑧ 2、800
⑨ 2　⑩ 600
⑪ 1、400　⑫ 3、300
式 1km900m－600m＝1km300m
答え 駅(えき)までのほうが1km300m長い。

9
① 3あまり6　② 3あまり1
③ 6あまり1　④ 2あまり5
⑤ 4あまり2　⑥ 7あまり1
⑦ 8あまり7　⑧ 9あまり1
⑨ 7あまり1　⑩ 6あまり3
⑪ 9あまり2　⑫ 7あまり5
⑬ 3あまり3　⑭ 6あまり1
⑮ 7あまり1　⑯ 7あまり6
⑰ 6あまり2　⑱ 5あまり6
式 70÷9＝7あまり7
答え 7たばできて、7本あまる。

10
❶ 3あまり1　❷ 1あまり2
❸ 8あまり2　❹ 9あまり4
❺ 2あまり1　❻ 8あまり2
❼ 6あまり1　❽ 5あまり1
❾ 1あまり5　❿ 7あまり2
⓫ 8あまり2　⓬ 5あまり6
⓭ 8あまり4　⓮ 5あまり1
⓯ 4あまり1　⓰ 8あまり3
⓱ 4あまり3　⓲ 3あまり1
式 60÷8=7あまり4　7+1=8
答 8ふくろ

11
❶ 80　❷ 90　❸ 70
❹ 100　❺ 240　❻ 450
❼ 600　❽ 600　❾ 3200
❿ 99　⓫ 48　⓬ 96
⓭ 60　⓮ 68　⓯ 84
式 13×7=91　答 91まい

12
❶ 128　❷ 208　❸ 219
❹ 287　❺ 184　❻ 168
❼ 160　❽ 243　❾ 105
❿ 140　⓫ 114　⓬ 424
⓭ 612　⓮ 138　⓯ 490
式 85×6=510　答 510円

13
❶ 868　❷ 488　❸ 996
❹ 954　❺ 940　❻ 945
❼ 3120　❽ 6328　❾ 4536
❿ 4315　⓫ 3735　⓬ 1946
⓭ 2086　⓮ 3024　⓯ 4872
式 345×9=3105　答 3105円

14
❶ 652　❷ 568　❸ 906
❹ 852　❺ 1756　❻ 2769
❼ 3227　❽ 2188　❾ 6672
❿ 6570　⓫ 3160　⓬ 1468
⓭ 2905　⓮ 1016　⓯ 2718
式 218×6=1308　答 1308m

15
❶ >　❷ <　❸ =　❹ =
❺ >　❻ =　❼ <　❽ <
❾ 13万　❿ 62万　⓫ 100万
⓬ 7万　⓭ 14万　⓮ 37万
⓯ 300　⓰ 520　⓱ 7000
⓲ 2400　⓳ 12　⓴ 30

16
❶ 0.7　❷ 1.9　❸ 1
❹ 1　❺ 3.5　❻ 1.1
❼ 1.2　❽ 1.4　❾ 8.7
❿ 6.8　⓫ 7.2　⓬ 9.2
⓭ 7.1　⓮ 6　⓯ 7
⓰ 5.8　⓱ 20.7　⓲ 10
式 1.6+2.4=4　答 4L

17
❶ 0.3　❷ 2.2　❸ 0.6
❹ 0.6　❺ 0.8　❻ 0.7
❼ 3.5　❽ 2.2　❾ 4.5
❿ 4.5　⓫ 0.8　⓬ 0.7
⓭ 0.7　⓮ 7　⓯ 2
⓰ 2.8　⓱ 10.6　⓲ 1.6
式 8−1.2=6.8　答 6.8m

18
❶ 1.6　❷ 1.1　❸ 7.1
❹ 5　❺ 20.4　❻ 12.1
❼ 10.3　❽ 10　❾ 12
❿ 1.5　⓫ 3.2　⓬ 4.9
⓭ 4.6　⓮ 2.3　⓯ 1.7
⓰ 5　⓱ 0.5　⓲ 0.6
式 8.2−2.8=5.4
答 白いテープが5.4m長い。

19 ❶ $\frac{3}{4}$ ❷ $\frac{7}{9}$ ❸ $\frac{5}{6}$
❹ 1 ❺ $\frac{4}{5}$ ❻ $\frac{6}{7}$
❼ 1 ❽ $\frac{5}{9}$ ❾ $\frac{5}{6}$
❿ $\frac{2}{3}$ ⓫ $\frac{3}{8}$ ⓬ 1
⓭ $\frac{8}{9}$ ⓮ $\frac{4}{5}$ ⓯ $\frac{7}{8}$
式 $\frac{3}{10}+\frac{6}{10}=\frac{9}{10}$　答え $\frac{9}{10}$ L

20 ❶ $\frac{2}{5}$ ❷ $\frac{2}{9}$ ❸ $\frac{1}{6}$
❹ $\frac{2}{8}$ ❺ $\frac{2}{4}$ ❻ $\frac{3}{10}$
❼ $\frac{1}{9}$ ❽ $\frac{3}{7}$ ❾ $\frac{5}{8}$
❿ $\frac{2}{3}$ ⓫ $\frac{3}{8}$ ⓬ $\frac{1}{6}$
⓭ $\frac{5}{7}$ ⓮ $\frac{2}{5}$ ⓯ $\frac{5}{9}$
式 $1-\frac{4}{7}=\frac{3}{7}$　答え $\frac{3}{7}$ m

21 ❶ 3000 ❷ 1000 ❸ 9
❹ 6 ❺ 3、600 ❻ 4、90
❼ 4300 ❽ 2150 ❾ 4、700
❿ 1、200 ⓫ 3、400 ⓬ 450
⓭ 100 ⓮ 6、600
式 150＋860＝1010　答え 1kg10g

22 ❶ 47 ❷ 37 ❸ 75 ❹ 4
❺ 9 ❻ 49 ❼ 27 ❽ 103
❾ 23 ❿ 15

23 ❶ 80 ❷ 320 ❸ 350
❹ 280 ❺ 540 ❻ 1380
❼ 2700 ❽ 2800 ❾ 4800
❿ 425 ⓫ 836 ⓬ 817
⓭ 899 ⓮ 702 ⓯ 576
式 28×34＝952　答え 952円

24 ❶ 1710 ❷ 1449 ❸ 2730
❹ 2860 ❺ 2236 ❻ 6035
❼ 1794 ❽ 3572 ❾ 4292
❿ 1547 ⓫ 1485 ⓬ 3648
⓭ 4012 ⓮ 1743 ⓯ 3384
式 35×48＝1680　答え 1680本

25 ❶ 7424 ❷ 9512 ❸ 8547
❹ 35672 ❺ 21754 ❻ 37329
❼ 30666 ❽ 15759 ❾ 32128
❿ 2650 ⓫ 2310 ⓬ 3060
⓭ 310 ⓮ 414 ⓯ 712
式 198×12＝2376　答え 2km376m

26 ❶ 6762 ❷ 11690 ❸ 46020
❹ 29133 ❺ 12964 ❻ 57190
❼ 11324 ❽ 7470 ❾ 17613
❿ 26274 ⓫ 16958 ⓬ 77830
⓭ 31320 ⓮ 20757 ⓯ 22165
式 235×24＝5640
答え 5L640mL

27 ❶ 528 ❷ 405 ❸ 447
❹ 648 ❺ 7.3 ❻ 5.6
❼ 72 ❽ 405 ❾ 1060
❿ 2574 ⓫ 17612 ⓬ 36040
⓭ 6 ⓮ 9 ⓯ 8 ⓰ 0
⓱ 4あまり3 ⓲ 7あまり1 ⓳ 1.1

28 ❶ 406 ❷ 3852 ❸ 582
❹ 3959 ❺ 9 ❻ 11.7
❼ 330 ❽ 1461 ❾ 525
❿ 4452 ⓫ 67968 ⓬ 21252
⓭ 7 ⓮ 8 ⓯ 4 ⓰ 4
⓱ 6あまり3 ⓲ 6あまり5
式 65×8＝520　180＋520＝700
答え 700g

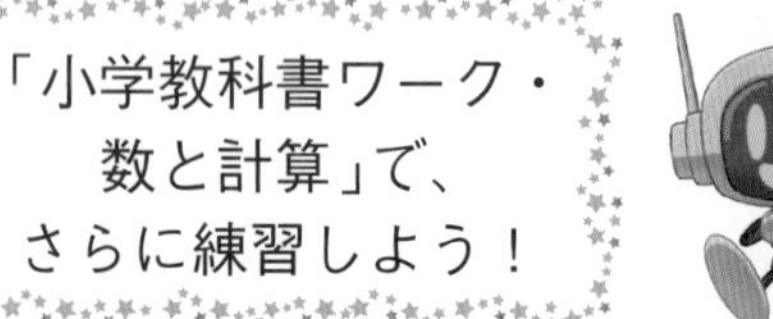

「小学教科書ワーク・
数と計算」で、
さらに練習しよう！

学校図書版 算数3年

動画 コードを読みとって、下の番号の動画を見てみよう。

勉強した日　　月　　日

① かけ算のきまり ［その1］

もくひょう

かけ算のきまりを理かいし、使えるようにしよう。

おわったらシールをはろう

きほんのワーク

教科書 ㊤12～18ページ　答え 1ページ

きほん1 かけ算のきまりがわかりますか。

☆ 次の□にあてはまる数を書きましょう。

❶ 3×5＝5×□

❷ 3×5＝3×4＋□

❸ 3×5＝3×6－□

交かんのきまり

かけられる数とかける数を入れかえて計算しても、答えは同じになります。

■×●＝●×■

かける数と答えのきまり

・かける数が1ふえると、答えは、かけられる数だけふえます。

■×5＝■×4＋■

・かける数が1へると、答えは、かけられる数だけへります。

■×5＝■×6－■

とき方

❶ 交かんのきまりを使います。

入れかえる

3×5＝□×□

❷❸ かける数と答えのきまりを使います。

1ふえる

❷ 3×5＝3×4＋□ ← かけられる数だけふえる。

1へる

❸ 3×5＝3×6－□ ← かけられる数だけへる。

答え 左上の式に記入

1 次の□にあてはまる数を書きましょう。　教科書 18ページ1

❶ 4×8は、

4×7より□大きい。

4×9より□小さい。

❷ 5×5は、

5×4より□大きい。

5×6より□小さい。

2 次の□にあてはまる数を書きましょう。　教科書 18ページ1

❶ 4×8＝4×7＋□

❷ 4×8＝4×9－□

❸ 5×5＝5×4＋□

❹ 5×5＝5×6－□

❺ 6×2＝2×□

❻ 7×4＝□×7

「＝」は、等号といって、計算の答えを書くときだけではなく、左がわと右がわの式や数の大きさが等しいことを表すときにも使うよ。

さんすうはかせ　かけ算では、分けて考えると九九の答えを合わせた数になるんだね。

3 次の□にあてはまる数を書きましょう。

教科書 18ページ1

❶ 7×□＝7×8＋7　❷ □×8＝3×9－3

❸ 7×□＝7×3－7　❹ □×8＝3×7＋3

❺ □×3＝3×9

❻ 8×□＝2×8

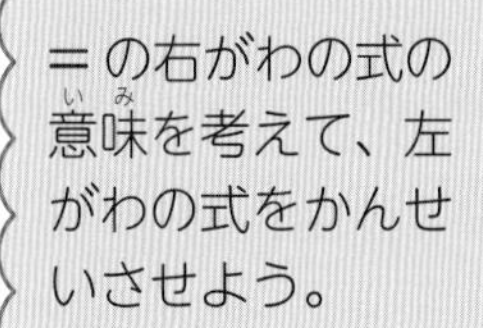

＝の右がわの式の意味(いみ)を考えて、左がわの式をかんせいさせよう。

きほん 2 かけられる数やかける数を分けて計算できますか。

☆次の□にあてはまる数を書いて、6×9の答えをもとめましょう。

❶ 6×9＜ 2　×9＝□ / □×9＝□ 　合わせて □

❷ 6×9＜ 6×□＝□ / 6×　4　＝□ 　合わせて □

とき方　下の図を使って、かけられる数やかける数を分けて考えます。

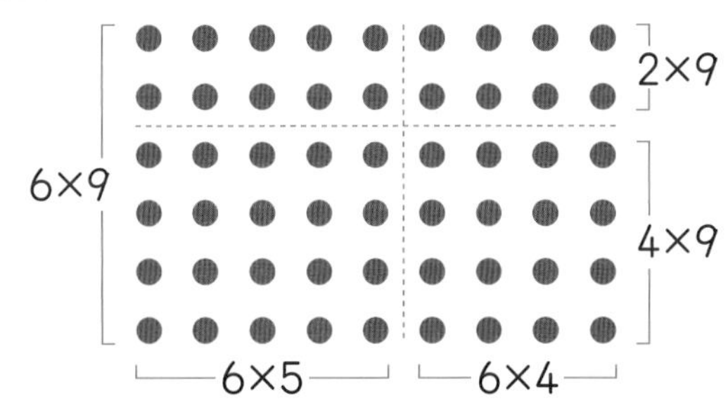

分配のきまり
かけ算では、かけられる数やかける数を分けて計算しても、答えは同じになります。

答え　上の式に記入

4 次の□にあてはまる数を書きましょう。

教科書 18ページ2

❶ 7×8＜ 3　×8＝□ / □×8＝□ 　合わせて □

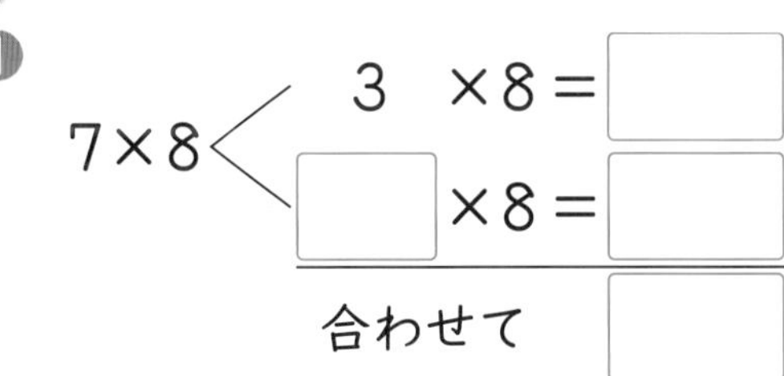

❷ 9×8＜ 4　×8＝□ / □×8＝□ 　合わせて □

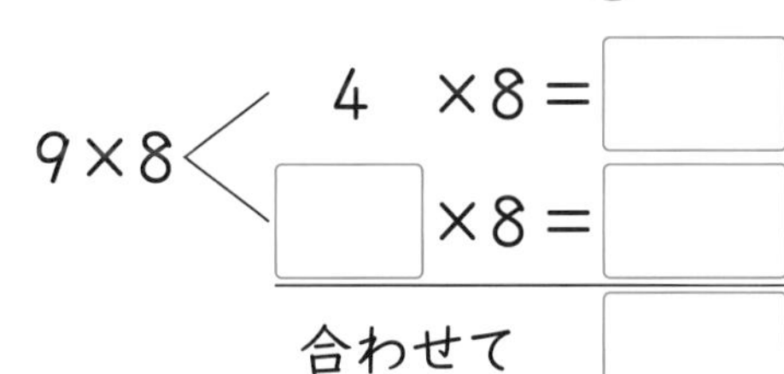

❸ 8×7＜ 8×□＝□ / 8×　2　＝□ 　合わせて □

❹ 8×9＜ 8×□＝□ / 8×　2　＝□ 　合わせて □

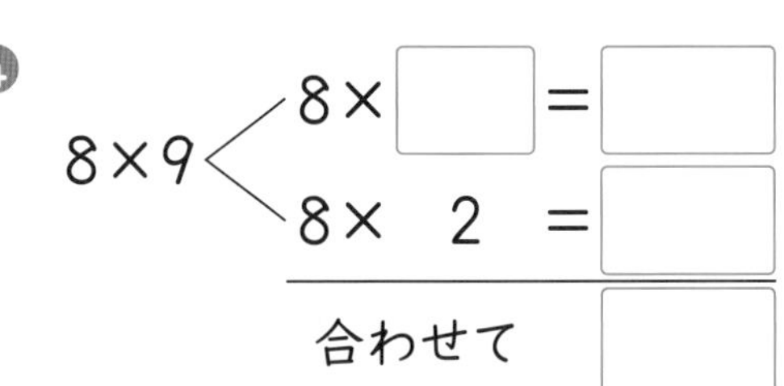

ポイント　かけ算の式のいろいろな意味をたしかめましょう。

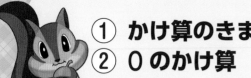

勉強した日  月　日

① かけ算のきまり［その2］ ② 0のかけ算 ③ 10のかけ算

きほんのワーク

もくひょう
3つの数のかけ算のしかたや、0や10のかけ算を理かいしよう。

おわったらシールをはろう

教科書 上 18～22ページ　答え 1ページ

きほん1 3つの数のかけ算のしかたがわかりますか。

☆2このクッキーを1つのふくろに入れて、1人に3ふくろずつ配(くば)ります。2人に配るには、クッキーは全部(ぜんぶ)で何こいりますか。

とき方　次(つぎ)の2通りの考え方で、もとめることができます。

《1》 1人分のこ数を先に考えると、

(2×3)×2＝□×2＝□

《2》 配るふくろの数を先に考えると、

2×(3×2)＝2×□＝□

答え □こ

けつ合のきまり
・かけ算では、かけるじゅんじょをかえて計算しても、答えは同じになります。
・（　）は、その中を先に計算するしるしです。

1 2まいの画用紙を1たばにして、1人に2たばずつ配ります。4人に配るには、画用紙は全部で何まいいりますか。　教科書 18ページ4

❶ 1人分のまい数を先に考えるときの計算のしかたを表(あらわ)す式(しき)を、（　）を使(つか)って1つの式に書きましょう。

（　　　　）

❷ 配るたばの数を先に考えるときの計算のしかたを表す式を、（　）を使って1つの式に書きましょう。

（　　　　）

❸ 答えをもとめましょう。

（　　　　）

2 次の計算をしましょう。　教科書 19ページ1

❶ (4×2)×2　　❷ 4×(2×2)

（　）の中を先に計算しよう。

さんすうはかせ　0の記号(きごう)が使(つか)われはじめたのは、5～6世紀(せいき)のインドだけど、日本では、江戸時代(えどじだい)になってもまだ使われていなかったんだ。

きほん 2 0のかけ算のしかたがわかりますか。

☆次の計算をしましょう。❶ 7×0　❷ 0×2

たいせつ
どんな数に0をかけても、また、0にどんな数をかけても、答えは0になります。

とき方 ❶ かけ算のきまりを使って考えます。

7×2＝14
7×1＝ 7　7ずつへる。
7×0＝□

❷ 0×2＝0＋0＝□

答え  □　 □

3 次の計算をしましょう。

教科書 21ページ2

❶ 9×0　❷ 0×6

❸ 5×0　❹ 0×3

かける数やかけられる数が0のかけ算の答えは、0になるんだね。

きほん 3 10のかけ算のしかたがわかりますか。

☆次の□にあてはまる数を書いて、3×10の答えを書きましょう。

❶ 3×10＝3×9＋□
＝27＋□
＝□

❷ 3×10 ＜ 3×2＝□ ／ 3×8＝□
合わせて □

とき方 かけ算のきまりを使います。

❶ 3のだんの九九では、答えは□ずつ大きくなります。

❷ かける数の10を2と□に分けて考えます。　**答え** 上の式に記入

4 次の計算をしましょう。

教科書 22ページ2

❶ 9×10　❷ 10×5　❸ 10×10

5 6人に10こずつあめを配ります。あめは全部で何こいりますか。

式

教科書 22ページ3

答え（　　　　　）

ポイント かけ算のきまりを使ったり、かける数やかけられる数を分けて計算することによって、0や10のかけ算もできます。

教科書 上 12～24ページ　答え 2ページ

でき た 数

/34問中

おわったら
シールを
はろう

教科書

1 かけ算のきまり　次(つぎ)の□にあてはまる数を書いて、8×4の答えをもとめましょう。

❶ 8×4=□×8=□

❷ 8×4=8×3+□=□

❸ 8×4=8×5−□=□

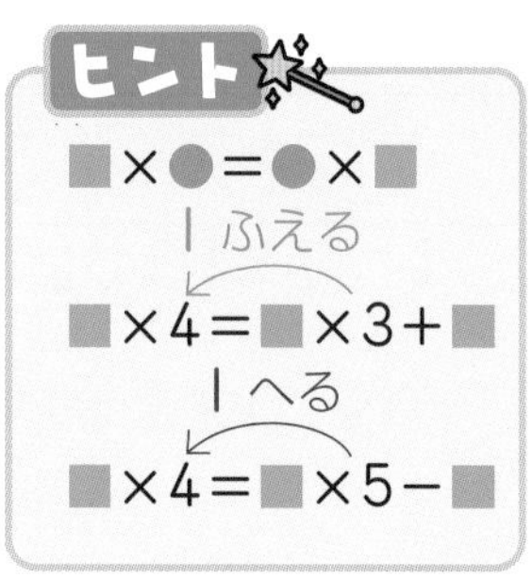

2 かけ算のきまり　次の□にあてはまる数を書きましょう。

❶ 5×8 < 5× 2 =□ ／ 5×□=□　合わせて □

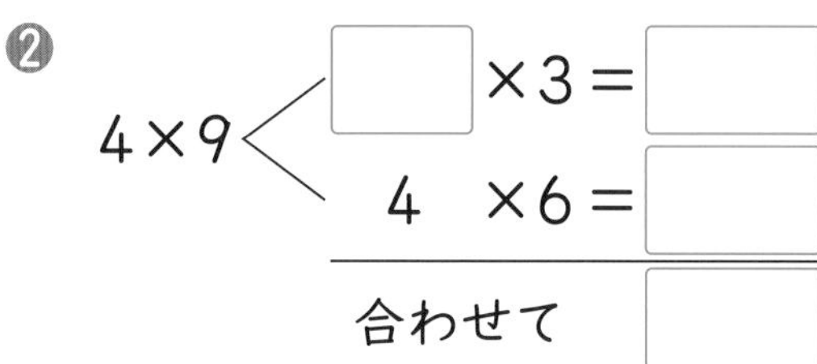

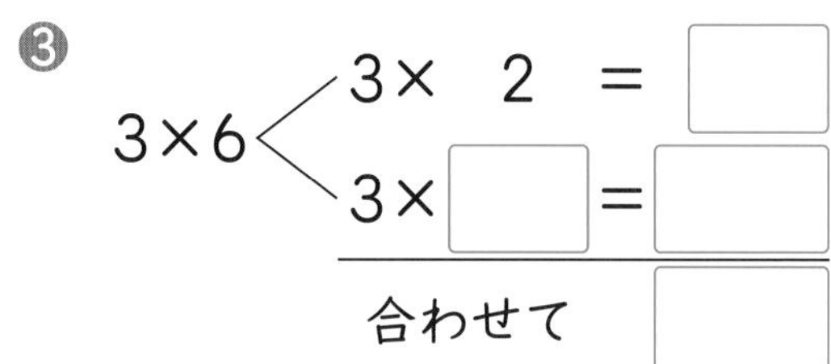

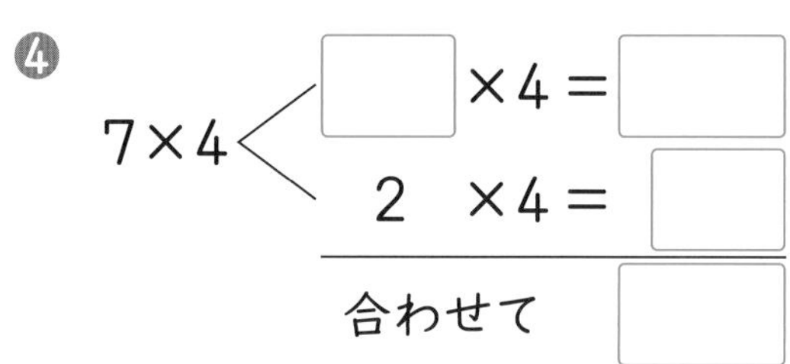

3 かけ算のじゅんじょ　次の□にあてはまる数を書きましょう。

❶ 4×2×3=(4×□)×3=□×3=□

❷ 4×2×3=4×(□×3)=4×□=□

4 0のかけ算　次の計算をしましょう。

❶ 2×0　　❷ 0×8

0のかけ算
どんな数に0をかけても、0にどんな数をかけても、答えは0です。

5 10のかけ算　次の計算をしましょう。

❶ 4×10　　❷ 10×2

❸ 5×10　　❹ 10×7

できるナビ　かけ算では、かけられる数やかける数を分けて計算することができるよ。

1 かけ算の表の一部分があります。㋐〜㋕にあてはまる数を答えましょう。

1つ6〔36点〕

❶

21	28	㋐
㋑	32	40
27	36	45

㋐（　　　　）
㋑（　　　　）

❷

35	40	45
42	㋒	54
49	56	㋓

㋒（　　　　）
㋓（　　　　）

❸

㋔	10	12
12	15	18
16	㋕	24

㋔（　　　　）
㋕（　　　　）

2 よく出る 次の□にあてはまる数をもとめましょう。　1つ6〔36点〕

❶ 6×8=□×6

❷ □×2=2×9

❸ 5×7=5×□+5

❹ 7×3=7×□−7

❺ 6×2×5=6×(□×5)
=6×□
=□

❻
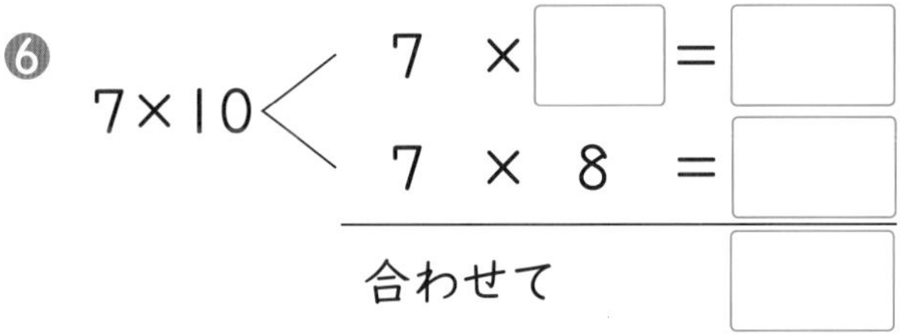

3 次の式になる問題を作りましょう。　1つ8〔16点〕

❶ 4×0（　　　　　　　　）

❷ 10×8（　　　　　　　　）

4 ゆうきさんがおはじきで点取りゲームをしたときのけっかは、右のようになりました。とく点の合計をもとめましょう。　1つ6〔12点〕

点数(点)	3	2	1	0
おはじきの数(こ)	0	3	2	5

式

答え（　　　　）

□かけ算のきまりがわかったかな？
□0や10のかけ算ができるようになったかな？

月　日

① 時こくと時間のもとめ方 ［その1］

きほんのワーク

もくひょう
時こくと時間のもとめ方がわかるようになろう。

おわったらシールをはろう

教科書 ㊤26〜30ページ　答え 2ページ

きほん 1 時こくや時間のもとめ方がわかりますか。

☆れいさんは、家を午前8時50分に出発して、30分後に図書館に着きました。

❶ 図書館に着いた時こくは、何時何分ですか。

❷ 図書館を午前10時15分に出発しました。れいさんが図書館にいた時間は何分間ですか。

とき方 時計のはりの動きや時計を線にした図で考えます。

❶ 出発した時こく　　着いた時こく

30分間

□分間　□分間

午前8時50分　□時　□時□分

❶の図では、時計を線にして、1目もりを10分としているよ。

❷ □分間

□分間　□分間

午前□時□分　10時　10時15分

❷の図では、1目もりを5分としているね。

答え ❶ 午前□時□分　❷ □分間

1 次の時こくや時間をもとめましょう。

教科書 28ページ❶❸

❶ 午後1時40分から40分後の時こく。

午後1時　2時　3時　（　　　）

❷ 午前9時10分から午前10時30分までの時間。

午前9時　10時　11時　（　　　）

さんこう
かかった時間は「何分間」といいますが、「分」の場合は、「間」をはぶいて「何分」ということもあります。

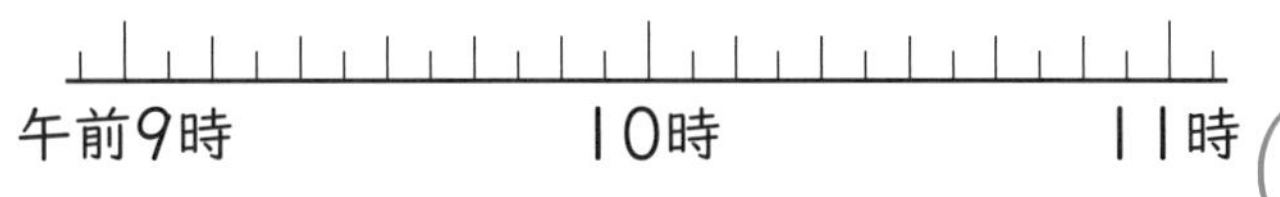

明治時代より前の日本では、日の出から日の入りまでを昼、日の入りから日の出までを夜とし、それぞれを6等分したので、昼と夜や、きせつによって1時間の長さがちがったよ。

きほん2 前の時こくをもとめることができますか。

☆花屋（はなや）を出発して45分歩いて、家に午前10時25分に着きました。花屋を出発した時こくは何時何分ですか。

とき方　時計を線にした図で考えます。

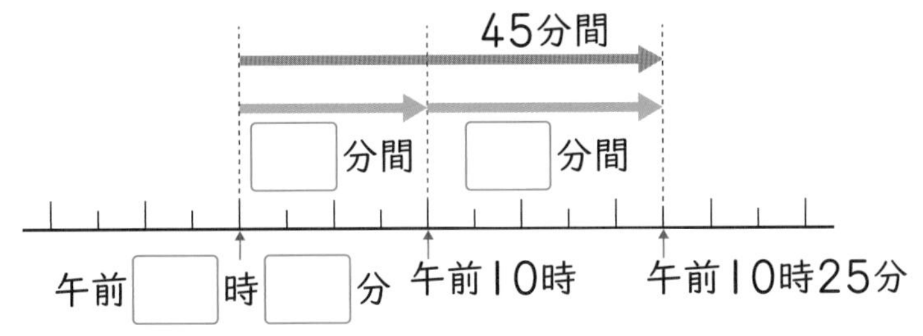

ちょうどの時こく
をもとに考えると
いいね。

答え　午前□時□分

2 次の時こくをもとめましょう。　教科書 29ページ1

❶ 午前8時30分の40分前の時こく。　（　　　）

❷ 午後3時10分の1時間30分前の時こく。　（　　　）

きほん3 合わせた時間をもとめることができますか。

☆けんさんがランニングしていた時間は35分、キャッチボールをしていた時間は40分でした。ランニングとキャッチボールをしていた時間は、合わせて何時間何分ですか。

とき方　時計を線にした図で考えます。

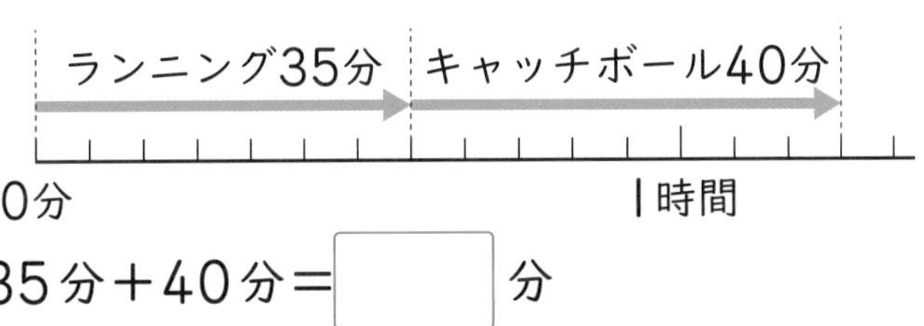

時間の計算では
60分になると、
「時」のたんいに
1くり上がるよ。

35分＋40分＝□分

□分＝□時間□分

答え　□時間□分

3 次の時間は何時間何分ですか。　教科書 30ページ2

❶ 40分と50分を合わせた時間。　（　　　）

❷ 25分と1時間45分を合わせた時間。　（　　　）

ポイント　時こくや時間をもとめるときは、時こくや時間を、時計を線にした図で考えるとわかりやすくなります。60分は1時間であることに注意（ちゅうい）しましょう。

勉強した日　　月　　日

① 時こくと時間のもとめ方 [その2]
② 短い時間

もくひょう
時こくを筆算でもとめたり、短い時間のたんいをおぼえよう。

おわったらシールをはろう

教科書 上 31〜33ページ　答え 3ページ

きほん 1 時間を筆算でもとめることができますか。

☆ まことさんとまみさんは、午後１時30分から午後３時10分まで遊(あそ)びました。２人が遊んだ時間は何時間何分ですか。

とき方　答えをもとめる式(しき)は、３時10分 □ １時30分です。この計算も８ページの きほん1 のように、時計を線にした図で考えることができますが、ここでは、筆算(ひっさん)でするしかたを考えます。

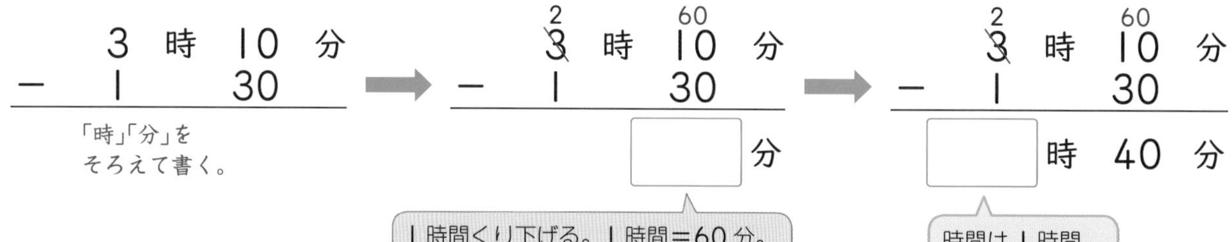

答え □ 時間 □ 分

1 午前６時50分の３時間15分後は、何時何分ですか。筆算でもとめましょう。

教科書 31ページ 1

6 時 50 分
＋ 3 15

60分で「分」から「時」のたんいに１くり上がるよ。

(　　　　　)

2 次(つぎ)の時間や時こくをもとめましょう。

教科書 31ページ 3 1

❶ 午前７時40分から、午前９時20分までの時間。

(　　　　　)

❷ 午後１時35分の２時間50分後の時こく。

(　　　　　)

ストップウォッチの秒(びょう)を表(あらわ)す数字の右がわにさらに２つの数字がつづいているとき、その数字は100になったら１秒になる時間を表しているよ。

きほん2 １分より短い時間の表し方がわかりますか。

☆次の問題に答えましょう。
❶ 80秒は何分何秒ですか。　❷ 2分は何秒ですか。

とき方 ❶ 80秒は、60秒＋□秒です。

❷ 2分は、□秒＋60秒です。

答え ❶ □分□秒
❷ □秒

たいせつ
１分より短い時間は、**秒**を使って表すことができます。
１分＝60秒

3 次の□にあてはまる数を書きましょう。 教科書 33ページ2

❶ 90秒＝□分□秒

❷ 135秒＝□分□秒

❸ １分10秒＝□秒

❹ １分48秒＝□秒

❺ 4分＝□秒

細いはりが１目もり進むと１秒だよ。60秒で１まわりするよ。家にある時計でかくにんしてみよう。また、短い時間をはかるには、ストップウォッチを使うとべんりだね。

4 どちらの時間が長いですか。長い方の時間を答えましょう。 教科書 33ページ2

❶ １分、59秒　（　　）

❷ 70秒、１分20秒　（　　）

❸ 2分10秒、120秒　（　　）

❹ 3分、200秒　（　　）

5 次の計算をしましょう。 教科書 33ページ1

❶ 18分30秒＋32分25秒　（　　）

❷ 42分4秒－24分52秒　（　　）

ポイント 時こくや時間は筆算でもとめることができます。また、１分＝60秒のかんけいをしっかりおぼえましょう。

勉強した日　月　日

練習のワーク

教科書 ㊤26〜34ページ　答え 3ページ

できた数　/13問中

おわったらシールをはろう

1 時こくをもとめる　次の時こくをもとめましょう。

❶ 午前9時45分の35分後の時こく。

（　　　　　）

❷ 午後5時38分の1時間30分後の時こく。

（　　　　　）

考え方

❶ 午前9時45分
↓15分
午前10時
↓20分
午前10時□分

2 時間をもとめる　かなさんは、家を午前9時15分に出発して、遊園地に午前10時5分に着きました。家から遊園地までにかかった時間は何分ですか。

（　　　　　）

3 前の時こく　次の時こくをもとめましょう。

❶ 午前9時10分の25分前の時こく。

（　　　　　）

❷ 午後7時20分の1時間45分前の時こく。

（　　　　　）

4 時こくと時間　しゅんさんは、家を午前8時50分に出発して、博物館に行きました。

❶ しゅんさんはバスに23分、電車に42分乗りました。バスと電車に乗っていた時間は、合わせて何時間何分ですか。

（　　　　　）

❷ しゅんさんがバスや電車に乗るために歩いた時間や待ち時間を合わせると25分になります。しゅんさんが博物館に着いたのは、何時何分ですか。

（　　　　　）

5 短い時間　次の□にあてはまる数を書きましょう。

❶ 1分＝□秒

❷ 110秒＝□分□秒

❸ 120秒＝□分

❹ 2分50秒＝□秒

❺ 3分40秒＝□秒

❻ 5分＝□秒

できるナビ　時こくや時間をもとめるとき、時計を線にした図をかくとわかりやすくなるよ。

時間 20分

とく点 /100点

おわったらシールをはろう

1 次の□にあてはまる時間のたんいを書きましょう。　1つ10〔50点〕

❶ 遠足で歩いた時間。　2□

❷ 100mを走るのにかかった時間。　22□

❸ きのう、ねていた時間。　8□

❹ 昼休みの時間。　45□

❺ 歌を1曲(きょく)歌うのにかかった時間。　2□

2 よく出る 次の時こくをもとめましょう。　1つ10〔20点〕

❶ 午後2時20分から50分後の時こく。

（　　　　）

❷ 午前11時10分の30分前の時こく。

（　　　　）

3 ゆりさんは、花屋(はなや)の前を通って、おばさんの家に行こうと考えています。ゆりさんの家から花屋まで歩いて15分かかり、花屋からおばさんの家まで30分かかります。おばさんの家に午前10時25分に着くには、ゆりさんはおそくとも何時何分に家を出発すればよいですか。　〔10点〕

（　　　　）

4 次の時間を、短いじゅんにならべましょう。　1つ10〔20点〕

❶ 140秒、1分40秒、90秒、2分

（　　　、　　　、　　　、　　　）

❷ 1分12秒、82秒、112秒、1分

（　　　、　　　、　　　、　　　）

ふろくの「計算練習ノート」5ページをやろう！

□時こくや時間を正しくもとめられたかな？
□短い時間のたんいが理かいできたかな？

勉強した日　月　日

① 1つ分の数をもとめる計算
② いくつ分をもとめる計算 [その1]
きほんのワーク

もくひょう
同じ数ずつ分ける計算の「わり算」ができるようになろう。

おわったらシールをはろう

教科書 上 36～45ページ　答え 4ページ

きほん1　1つ分の数をもとめる計算のしかたがわかりますか。

☆12このあめを、3人で同じ数ずつ分けます。1人分は、何こになりますか。

とき方　12このあめを、3人で同じ数ずつ分けると、1人分は □ こになります。このことを、式（しき）で

全部（ぜんぶ）の数　いくつ分　1人分の数

□÷□＝□　と書きます。

12　わる　3　は　4

このような計算を「**わり算**」といいます。

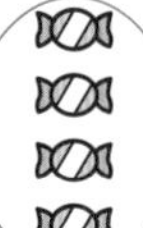
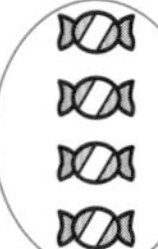
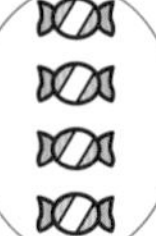

答え □ こ

1 次（つぎ）の問題（もんだい）の式を書きましょう。

教科書 37ページ1 39ページ1

❶ 18本のえん筆（ぴつ）を、3人で同じ数ずつ分けます。1人分は何本になりますか。
（　　　　）

❷ 8このなしを、4人で同じ数ずつ分けます。1人分は何こになりますか。
（　　　　）

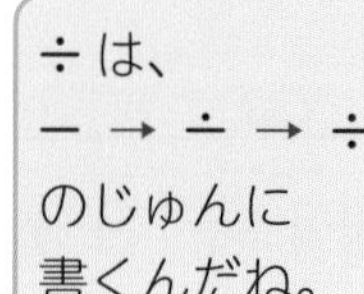

きほん2　わり算の答えのもとめ方がわかりますか。

☆24このあめを、6人で同じ数ずつ分けます。1人分は、何こになりますか。

とき方　式は、□÷6です。

この答えは、□×6＝24の□にあてはまる数なので、□×6＝6×□より、6のだんの九九を使（つか）ってもとめることができます。

1人分の数 × 人数 ＝ 全部の数

1人分が
1このとき…1 × 6 ＝ 6
2このとき…2 × 6 ＝ 12
3このとき…3 × 6 ＝ 18
4このとき…4 × 6 ＝ 24

□÷6＝□

答え □ こ

たいせつ
全部の数を何人かで同じ数ずつ分けるとき、1人分の数は、**わり算**の式で表すことができます。

わり算の答えは九九で考えるんだね。

さんすうはかせ　【わり算の記号（きごう）(1)】「÷」の記号は、1659年にスイスのラーンという人がはじめて使ったんだよ。

2 42このボールを、7人で同じ数ずつ分けます。1人分は、何こになりますか。

式

教科書 39ページ2 40ページ1

答え（　　　　）

3 次のわり算の答えは、何のだんの九九を使ってもとめることができますか。また、答えをもとめましょう。

教科書 41ページ2

❶ 16÷2　　❷ 30÷5　　❸ 36÷4

だん（　　　）　だん（　　　）　だん（　　　）

答え（　　　）　答え（　　　）　答え（　　　）

4 20÷5の式になる問題を作りましょう。

教科書 41ページ3

（　　　　　　　　）

きほん3 いくつ分をもとめる計算のしかたがわかりますか。

☆24このあめを、1人に6こずつ分けると、何人に分けられますか。

とき方 式は、□÷6です。

この答えは、6×□＝24の□にあてはまる数なので、6のだんの九九を使ってもとめることができます。

九九で考えるよ。
6×1＝6、6×2＝12、
6×3＝18、6×4＝24

全部の数　1人分の数　いくつ分

□ ÷6＝ □

答え □人

たいせつ
全部の数を同じ数ずつ分けるとき、何人で分けられるかも、**わり算**の式で表すことができます。

5 54このみかんを、9こずつふくろに入れると、何ふくろできますか。

式

教科書 42～44ページ

答え（　　　　）

ポイント わり算の答えをもとめるには、九九を使います。
九九が、しっかりできることが大切です。

勉強した日　月　日

② いくつ分をもとめる計算 [その2]
③ 1や0のわり算
④ 計算のきまりを使って

きほんのワーク

もくひょう　いろいろなわり算のきまりや、計算のしかたをおぼえよう。

おわったらシールをはろう

教科書 上 45～50ページ　答え 4ページ

きほん1 わり算の2つの問題のちがいがわかりますか。

☆右の図を見て、8÷4の式になる問題を2つ作り、それぞれ答えをもとめましょう。

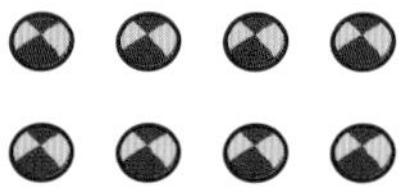

とき方　問題1　□このクッキーを、□人で同じ数ずつ分けると、1人分は、何こになりますか。

問題2　□このクッキーを、□こずつ分けると、何人に分けられますか。

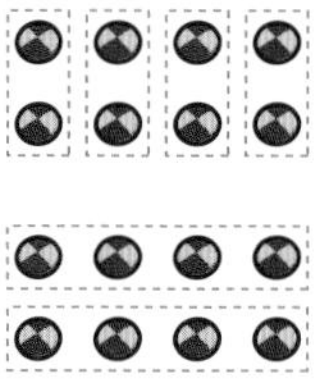

どちらも、答えをもとめるときは、□×4＝8や4×□＝8の□にあてはまる数をもとめる計算を考えるから、8÷4＝□です。

答え　問題1 □こ　問題2 □人

たいせつ　わり算は、**1つ分の数**や、**いくつ分**をもとめる計算です。

1 12本の花を分けるとき、12÷4の式になる問題を2つ作りましょう。

教科書 45～46ページ

(　　　　)

12÷4の式で、12を**わられる数**、4を**わる数**というよ。

きほん2 1や0のわり算のしかたがわかりますか。

☆次の計算をしましょう。 ❶ 4÷1　❷ 0÷9

とき方　❶ 答えは、1×□＝4の□にあてはまる数です。

❷ 答えは、9×□＝0の□にあてはまる数です。

答え ❶ □　❷ □

2 ふくろに入っているあめを、6人で同じ数ずつ分けます。次のとき、1人分は何こになりますか。

教科書 48ページ1

❶ 6こ入っていたとき。 式　　答え (　　)

❷ 1こも入っていないとき。 式　　答え (　　)

さんすうはかせ　【わり算の記号(2)】「÷」はイギリスやアメリカ合衆国でも使われているけれど、世界中で通じる記号ではなくて、「：」が使われている国もあるよ。

3 5Ｌの麦茶を、１Ｌずつポットに入れると、ポットは何こいりますか。

式

教科書 48ページ1

答え（　　　　）

4 次の計算をしましょう。

教科書 48ページ2

❶ 3÷3　❷ 0÷7　❸ 6÷1

きほん3 答えが何十の数になるわり算のしかたがわかりますか。

☆60このおはじきを、3人で同じ数ずつ分けると、１人分は何こになりますか。

とき方 同じ数ずつ分けるので、式は60÷3で、計算は次のように考えます。

《１》60は、10のまとまりが□こと考えます。

60÷3→10が(6÷3)こだから、□

《2》わられる数を2つに分けて考えます。

60＜30÷3＝□、30÷3＝□ より、合わせて□

《１》《2》のどちらで考えても、60÷3＝□

答え □こ

5 次の計算をしましょう。

教科書 49ページ1

❶ 40÷2　❷ 80÷8

きほん4 答えが2けたになるわり算のしかたがわかりますか。

☆22÷2の計算をしましょう。

とき方 《１》2のだんの九九を考えます。

2× 9 ＝18
2× 10 ＝20 （+2）
2×□＝22 （+2）

《2》22を20と2に分けて考えます。

20÷2＝□
2÷2＝□
より、□＋□＝□

《１》《2》のどちらで考えても、22÷2＝□

答え □

6 次の計算をしましょう。

教科書 50ページ1

❶ 28÷2　❷ 84÷4

ポイント
わられる数とわる数が同じ数のわり算の答えは、1になります。
わる数が1のときの答えは、わられる数と同じになります。

勉強した日　月　日

練習のワーク①

教科書 (上) 36～52ページ　答え 4ページ

できた数　/9問中

おわったらシールをはろう

1 1人分は何こ　35このいちごを、7人で同じ数ずつ分けます。1人分は、何こになりますか。

式

答え（　　　）

2 何人に分けられる　画用紙が40まいあります。1人に5まいずつ分けると、何人に分けられますか。

式

答え（　　　）

考え方
答えは 5×□=40 の□にあてはまる数です。5 のだんの九九を使ってもとめます。

3 わり算の 2 つの問題　32このおはじきがあります。

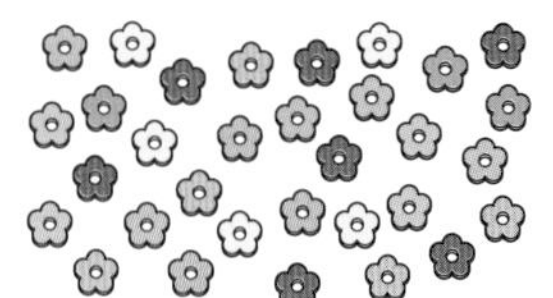

❶ 8人で同じ数ずつ分けると、1人分は、何こになりますか。

式

答え（　　　）

❷ 1人に8こずつ分けると、何人に分けられますか。

式

答え（　　　）

4 1や0のわり算　次の計算をしましょう。

❶ 7÷1　❷ 8÷8

❸ 0÷4

1や0のわり算
- わる数が1のとき、答えはわられる数と同じになります。
- わられる数とわる数が同じとき、答えは1になります。
- 0を、0でないどんな数でわっても、答えはいつも0になります。

5 答えが 2 けたになるわり算　次の計算をしましょう。

❶ 20÷2　❷ 93÷3
90と3に分けて考える。

できるナビ　文章題では、どんなときにわり算になるかを考えることが大切だよ。

1 1人分は何こ　21このビー玉を、3人で同じ数ずつ分けます。1人分は、何こになりますか。

式

答え（　　　　）

2 何人に分けられる　72まいのおり紙があります。1人に9まいずつ分けると、何人に分けられますか。

式

答え（　　　　）

3 わり算の2つの問題　42dLのジュースがあります。

❶ 6人で同じりょうずつ分けると、1人分は、何dLになりますか。

式

答え（　　　　）

❷ 1人に6dLずつ分けると、何人に分けられますか。

式

答え（　　　　）

4 1や0のわり算　次の計算をしましょう。

❶ 8÷1　　❷ 1÷1　　❸ 0÷5

5 答えが2けたになるわり算　次の計算をしましょう。

❶ 60÷3　　❷ 44÷2
40と4に分けて考える。

できるナビ　九九を使ったり、わられる数を分けたりして、答えが2けたになるわり算も計算できるようになろう。

月　日

まとめのテスト①

教科書 上 36～52ページ　答え 5ページ

時間 20分　とく点 /100点　おわったらシールをはろう

1 よく出る 次の計算をしましょう。　1つ5〔60点〕

❶ 18÷3　❷ 45÷9　❸ 28÷4

❹ 24÷8　❺ 40÷5　❻ 18÷2

❼ 36÷6　❽ 8÷1　❾ 0÷1

❿ 9÷9　⓫ 90÷9　⓬ 63÷3

2 72ページある本を1日に同じページ数ずつ読みます。8日間で全部読み終わるには、1日に何ページずつ読めばよいですか。　1つ6〔12点〕

式

答え（　　　　）

3 48本の花があります。6本ずつたばにすると、何たばできますか。　1つ7〔14点〕

式

答え（　　　　）

4 49まいのシールを、7人で同じ数ずつ分けます。1人分は、何まいになりますか。　1つ7〔14点〕

式

答え（　　　　）

□九九を使って、わり算の答えをもとめることができたかな？
□1つ分の数やいくつ分をもとめることができたかな？

勉強した日　　月　　日

まとめのテスト②

とく点　　/100点

おわったら シールを はろう

教科書 ㊤36～52ページ　答え 5ページ

1 よく出る 次の計算をしましょう。　1つ6〔36点〕

❶ 24÷4　　❷ 32÷4　　❸ 2÷1

❹ 0÷8　　❺ 30÷3　　❻ 88÷8

2 次の□にあてはまる数を書きましょう。　1つ6〔18点〕

❶ 3×□＝18　　❷ 8×□＝56　　❸ □×5＝25

3 24cm のテープを 4cm ずつ分けると、何本に分けることができますか。　1つ7〔14点〕

式

答え（　　　　）

4 16L の水を 2L ずつ水さしに入れます。水さしは何こいりますか。

式

答え（　　　　）

5 10円玉が 45 まいあります。5人で同じ金がくずつ分けると、1人分は、何円になりますか。　1つ9〔18点〕

式

答え（　　　　）

ふろくの「計算練習ノート」3～4ページをやろう！

□0や1のわり算ができたかな？
□もとめるものが1つ分の数か、いくつ分かがわかったかな？

勉強した日　月　日

学びのワーク 倍について考えよう

おわったら シールを はろう

教科書 ㊤54〜55ページ　答え 5ページ

きほん 1 何倍かした長さをもとめることができますか。

☆ ㋐のテープは、㋑のテープの2倍(ばい)の長さです。㋑のテープの長さが9cmのとき、㋐のテープの長さをもとめましょう。

とき方 9cmの2倍の長さは、かけ算でもとめます。

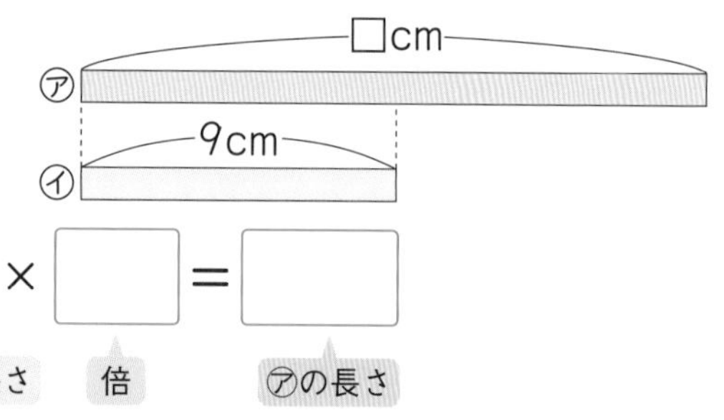

2倍の長さは、2こ分の長さのことだったよね。

9 × □ = □

㋑の長さ　倍　㋐の長さ

答え □ cm

1 次(つぎ)の長さやりょうの、5倍の長さやりょうをもとめましょう。 教科書 54ページ1

❶ 4cm

式

答え（　　　）

❷ 6dL

式

答え（　　　）

きほん 2 何こ分かをもとめることができますか。

☆ 20cmの㋕のテープと5cmの㋖のテープがあります。㋕のテープの長さは㋖のテープの何本分ですか。

とき方 何本分かをもとめるので、□算で計算します。

式(しき)は 20÷□ です。

5×□=20の□をもとめる計算を考えるよ。

㋕

㋖

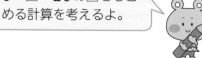

答えは、20÷□=□より、□本分です。

答え □ 本分

「人一倍がんばる」ということばがあるけど、むかしの1倍は今の2倍を表(あらわ)していたので、ふつうの人の倍くらいがんばるということになるよ。

2 22ページの きほん2 のことを、次のような図に表しました。下の問題に答えましょう。

教科書 54ページ1

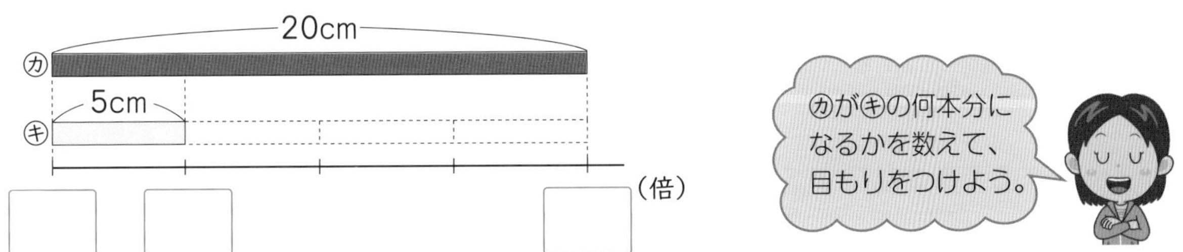

20cm
カ
5cm
キ
(倍)
カがキの何本分に
なるかを数えて、
目もりをつけよう。

❶ キのテープの長さを１と考えて、上の図の□にあてはまる数を書きましょう。

❷ カのテープは、キのテープの長さの何倍の長さといえますか。

答え（　　　　　）

きほん3 何倍になるかをもとめることができますか。

☆ 赤い花が21本、白い花が7本あります。赤い花は、白い花の何倍ありますか。

とき方 右の図より、白い花の数の７本を１と考えると、赤い花の数の21本が、７本の何こ分かをもとめた答えの数が、何倍を表す数になります。

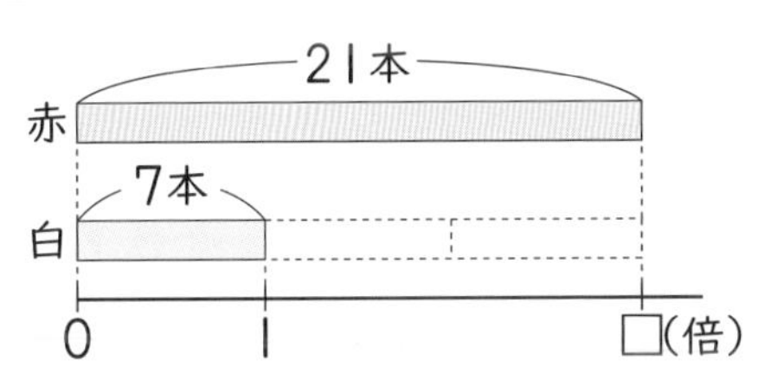

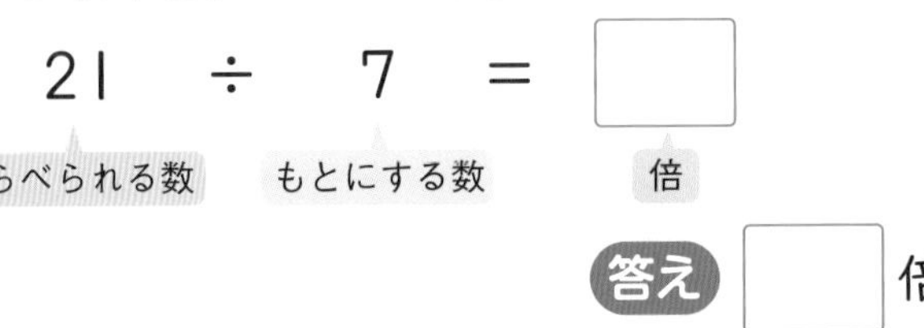

答え □ 倍

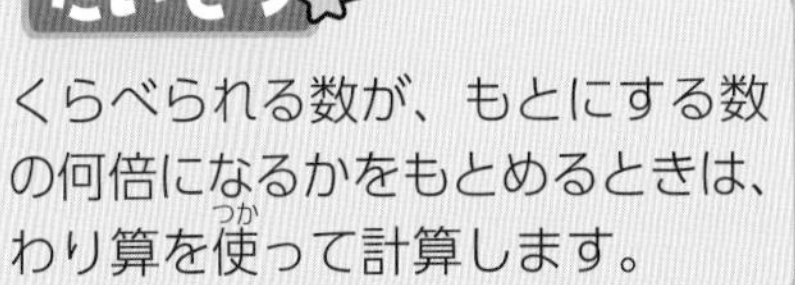

くらべられる数が、もとにする数の何倍になるかをもとめるときは、わり算を使って計算します。

3 16cmの黄色のリボンと2cmの水色のリボンがあります。黄色のリボンは水色のリボンの長さの何倍ですか。

教科書 54ページ1

式

答え（　　　　　）

4 ポットには、水が15dL入ります。コップには、水が3dL入ります。ポットには、コップの何倍の水が入りますか。

教科書 55ページ2

式

答え（　　　　　）

何倍かした数をもとめるときは「かけ算」で、何倍になるかをもとめるときは「わり算」で計算します。

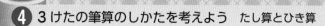

勉強した日　月　日

① 3けたのたし算
② 3けたのひき算 [その1]
きほんのワーク

もくひょう
3けたの数と3けたの数のたし算やひき算のしかたをおぼえよう。

おわったらシールをはろう

教科書 上 56～66ページ　答え 5ページ

ふくしゅう　できるかな？

れい 35＋69の計算を筆算(ひっさん)でしましょう。

考え方

```
   3 5
 + 6 9
   ①
 1 0 4
```

5+9=14
十の位(くらい)に1くり上げる。
3+6+1=10
百の位に1くり上げる。

問題 次(つぎ)の筆算をしましょう。

❶
```
   4 8
 + 2 8
```

❷
```
   8 2
 + 3 9
```

きほん1 3けたの数のくり上がりのないたし算の筆算ができますか。

☆352円のケーキと235円のおかしを買いました。合わせて何円になりますか。

とき方　合わせた金がくは、たし算でもとめるので、式(しき)は  ＋  です。
計算は、右のように筆算でします。

```
   3 5 2           3 5 2
 + 2 3 5   ➡    + 2 3 5
                   □ □ □
```

たてに位をそろえて書く。　同じ位どうしを計算する。

答え □ 円

1　415円の本と174円のノートを買いました。合わせて何円になりますか。

教科書 57ページ1

式

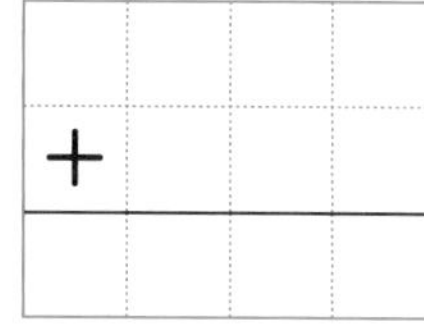

答え (　　　　)

きほん2 3けたの数のくり上がりのあるたし算の筆算ができますか。

☆595＋238の計算を筆算でしましょう。

とき方

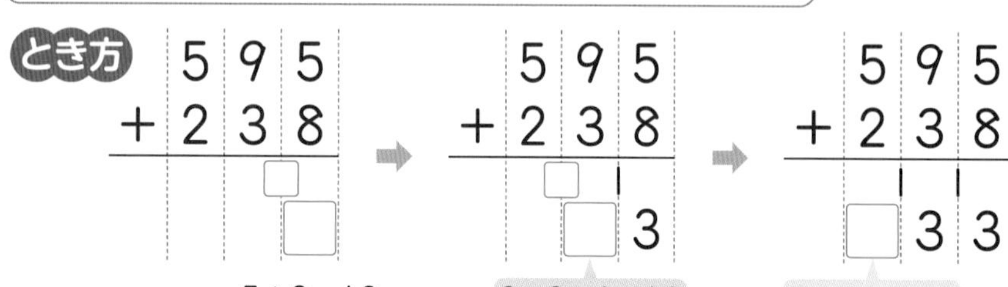

これまでと同じように、上の位に1くり上げるよ。

答え □

さんすうはかせ　1489年「計算親方」とよばれたドイツのウィッドマンが、ライプチヒで発表(はっぴょう)した書物(しょもつ)の中で「＋」や「－」の記号(きごう)を使(つか)いだしたんだよ。

2 次の筆算をしましょう。 教科書 59〜61ページ

❶
```
   3 1 7
 + 2 4 5
```
❷
```
   4 5 0
 +   8 5
```
❸
```
   5 5 6
 + 3 8 9
```
❹
```
   6 3 7
 + 4 9 6
```

ふくしゅう

れい 63－24の計算を筆算でしましょう。

考え方

```
  ⑤ 10
  6 3
－2 4
  3 9
```
十の位から１くり下げる。
13－4＝9
十の位は 5－2＝3

問題 次の筆算をしましょう。

❶
```
  1 2 6
－  4 8
```
❷
```
  1 1 8
－  5 9
```

きほん 3 3けたの数のひき算の筆算ができますか。

☆ ともきさんは325円もっています。158円のボールペンを１本買いました。何円のこっていますか。

とき方 のこりのお金は、(もっているお金)－(ボールペンの代金)でもとめるので、式は □－□ です。

筆算は、位をそろえて書き、同じ位どうしを計算します。

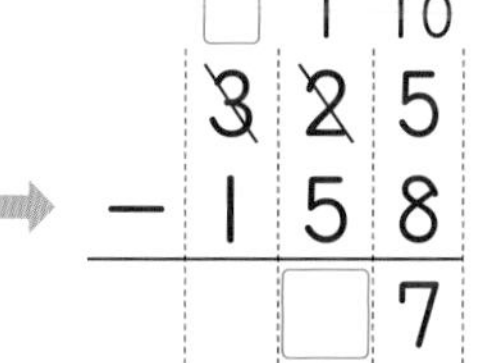
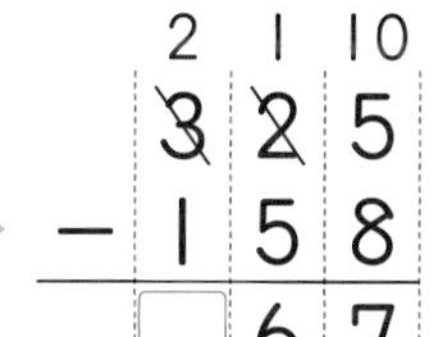

```
  □ 10          10            10
                □ 1 10     2  1 10
  3 2 5        3 2 5        3 2 5
－1 5 8  ➡  －1 5 8  ➡  －1 5 8
      □          □ 7         □ 6 7
```

十の位から
１くり下げる。
15−8=7

百の位から
１くり下げる。
11−5=6

2−1=1

答え □円

3 遊園地(ゆうえんち)に全部(ぜんぶ)で478人います。そのうち、おとなは125人です。子どもは何人いますか。 教科書 63ページ1

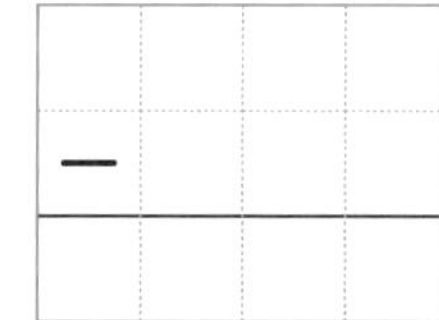

式

答え（　　　　）

4 次の筆算をしましょう。 教科書 65〜66ページ

❶
```
   6 2 8
 － 3 1 9
```
❷
```
   4 6 3
 － 2 2 9
```
❸
```
   5 1 7
 － 2 3 4
```
❹
```
   7 4 5
 － 4 6 6
```

ポイント 筆算のしかたは、けた数がふえてもかわりません。筆算はたてに位をそろえて書くので、位ごとの計算がしやすくなります。

勉強した日 月 日

② 3けたのひき算［その2］
③ 大きい数の計算

きほんのワーク

もくひょう
けた数の多い数のたし算やひき算の筆算のしかたをおぼえよう。

おわったらシールをはろう

教科書 上 67～68ページ 答え 5ページ

きほん1 十の位が0の数の筆算のしかたがわかりますか。

☆401－183の計算を筆算でしましょう。

とき方 十の位からくり下げられないときは、百の位から十の位にまず1くり下げます。

答え □

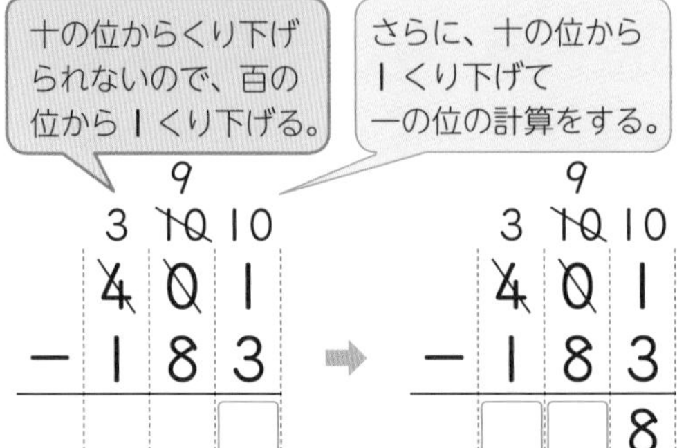

十の位からくり下げられないので、百の位から1くり下げる。
さらに、十の位から1くり下げて一の位の計算をする。

$$\begin{array}{r} \overset{3}{\cancel{4}}\ \overset{\overset{9}{\cancel{10}}}{\cancel{0}}\ \overset{10}{1} \\ -\ 1\ 8\ 3 \\ \hline \square \end{array} \Rightarrow \begin{array}{r} \overset{3}{\cancel{4}}\ \overset{\overset{9}{\cancel{10}}}{\cancel{0}}\ \overset{10}{1} \\ -\ 1\ 8\ 3 \\ \hline \square\ \square\ 8 \end{array}$$

1 次の筆算をしましょう。 教科書 67ページ

❶
$$\begin{array}{r} 306 \\ -148 \\ \hline \end{array}$$

❷
$$\begin{array}{r} 806 \\ -507 \\ \hline \end{array}$$

❸
$$\begin{array}{r} 1000 \\ -\ \ 364 \\ \hline \end{array}$$

❹
$$\begin{array}{r} 1050 \\ -\ \ 198 \\ \hline \end{array}$$

十の位からも百の位からもくり下げられないときは、千の位からくり下げるよ。

$$\begin{array}{r} \cancel{1}\ \overset{\overset{9}{\cancel{10}}}{\cancel{0}}\ \overset{\overset{9}{\cancel{10}}}{\cancel{0}}\ \overset{10}{0} \\ -\ \ 3\ 6\ 4 \\ \hline \end{array}$$

きほん2 大きい数のたし算の筆算ができますか。

☆2593＋4762の計算を筆算でしましょう。

とき方 たてに位をそろえて書いて、一の位からじゅんに計算していけば、何けたの数でも計算することができます。

$$\begin{array}{r} 2593 \\ +4762 \\ \hline \square \end{array} \Rightarrow \begin{array}{r} 2593 \\ +4762 \\ \hline \square 5 \end{array} \Rightarrow \begin{array}{r} 2593 \\ +4762 \\ \hline \square 55 \end{array} \Rightarrow \begin{array}{r} 2593 \\ +4762 \\ \hline \square 355 \end{array}$$

3＋2＝5

9＋6＝15 百の位に1くり上げる。

5＋7＋1＝13 千の位に1くり上げる。

2＋4＋1＝7

答え □

フランスのヴィエタ（1540～1603）によって、「＋」、「－」の記号がいっぱんに使われるようになったといわれているんだよ。

2 次の筆算をしましょう。

教科書 68ページ 1

❶
```
  2743
+ 3154
```

❷
```
  1815
+ 6432
```

❸
```
  3853
+ 1378
```

❹
```
  6589
+ 1243
```

❺
```
  3983
+ 4518
```

❻
```
  4792
+ 5208
```

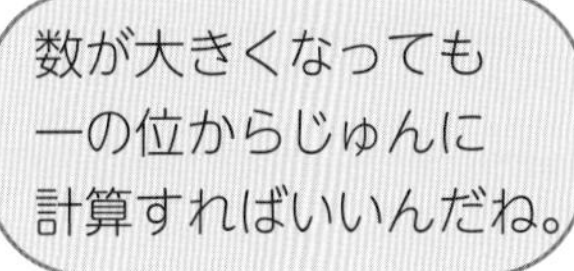

数が大きくなっても
一の位からじゅんに
計算すればいいんだね。

きほん 3 大きい数のひき算の筆算ができますか。

☆5249－3786の計算をしましょう。

とき方 たてに位をそろえて書いて、一の位からじゅんに計算していけば、何けたの数でも計算することができます。

```
  5249        1 10          10            10
- 3786  →    5249    →   4 1 10   →    4 1 10
  ---□      - 3786       5249          5249
               □3       - 3786        - 3786
                           □63          □463
```

9−6=3

百の位から
1くり下げる。
14−8=6

千の位から
1くり下げる。
11−7=4

4−3=1

答え □

3 次の筆算をしましょう。

教科書 68ページ 1

❶
```
  6529
- 4347
```

❷
```
  2004
- 1785
```

❸
```
  4258
- 2368
```

❹
```
  7045
- 6269
```

❺
```
  9146
- 7387
```

❻
```
  10000
-  3208
```

```
  9 9 9
  10 10 10 10
  10000
-  3208
```
けた数が多くなっても、考え方は同じだね。

ポイント 大きい数のたし算やひき算の筆算のしかたを学習(がくしゅう)します。数が大きくなっても筆算のしかたは同じです。くり上がりやくり下がりに注意(ちゅうい)して計算しましょう。

勉強した日　月　日

もくひょう
数の大きさやたすじゅんじょをかえて、くふうして計算しよう。

おわったら シールを はろう

④ 計算のくふう

きほんのワーク

教科書 ㊤ 69～70ページ　答え 5ページ

きほん 1　くふうして、たし算やひき算ができますか。

☆次(つぎ)の計算をくふうしてしましょう。　❶ 498＋370　❷ 800－598

とき方　❶ たされる数に 2 をたして 500 にして考えます。たされる数を 2 ふやしたので、たす数から □ をひくと、答えが同じになります。

498＋370

たす 2↓　↓ひく 2

500＋368＝□

❷ ひく数に 2 をたして 600 にして考えます。ひく数を 2 ふやしたので、ひかれる数にも □ をたすと、答えが同じになります。

800－598

たす 2↓　↓たす 2

802－600＝□

答え ❶ □　❷ □

たいせつ

たし算では、たされる数をふやした数だけ、たす数をへらすと、答えは同じになります。
また、たされる数をへらした数だけ、たす数をふやすと、答えは同じになります。
ひき算では、ひかれる数とひく数に同じ数をたすと、答えは同じになります。

1 次の□にあてはまる数を書いて、計算の答えを書きましょう。 教科書 69ページ 1 1

❶ 297＋340

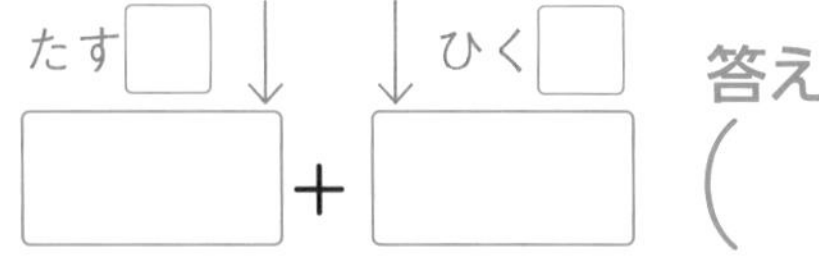

たす□↓　↓ひく□

□＋□　答え（　　）

❷ 400－297

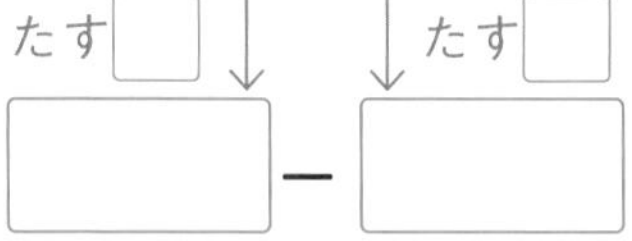

たす□↓　↓たす□

□－□　答え（　　）

2 次の計算をくふうしてしましょう。 教科書 69ページ 2

❶ 580＋198　❷ 399＋299

❸ 1000－495　❹ 300－94

きりのいい数にするために、数をたすのか、ひくのかを考えよう。

さんすうはかせ　たされる数とたす数を入れかえても答えがかわらないことを「交換法則(こうかんほうそく)」、3つ以上(いじょう)の数のたし算でたすじゅんじょをかえても答えがかわらないことを「結合法則(けつごうほうそく)」というよ。

きほん2 3つの数のたし算のくふうができますか。

☆279＋32＋68の計算をくふうしてしましょう。

とき方 たすじゅんじょをかえて、100になるたし算を先にすると、計算がはやくできます。

3つの数をたすときは、あとの2つを先に計算しても答えはかわらないね。

279＋32＋68＝□＋(32＋68)＝□＋100

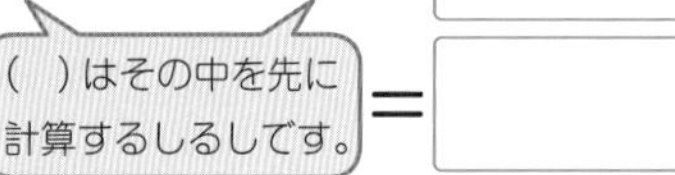

( )はその中を先に計算するしるしです。

＝□

3 次の計算をくふうしてしましょう。

❶ 286＋78＋22

❷ 349＋453＋51

❸ 127＋596＋873

3つの数の計算は、筆算（ひっさん）ですることもできます。

```
  286
   78
+  22
```

❷は、1つ目の数と3つ目の数を先にたすと、かんたんに計算できるよ。

きほん3 たし算やひき算を暗算でできますか。

☆次の計算を暗算（あんざん）でしましょう。 ❶ 58＋36 ❷ 76－38

とき方 ❶ 上の位（くらい）から計算すると、

《1》 50＋30＝80

《2》 8＋6＝14

《3》 □＋14＝□

❷ 上の位から計算すると、

《1》 76－30＝46

《2》 46－□＝□

答え ❶ □ ❷ □

4 次の計算を暗算でしましょう。 教科書 70ページ3

❶ 23＋48　❷ 47＋19

❸ 87－29　❹ 70－36

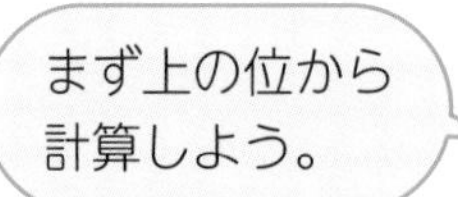

ポイント 数のしくみを使（つか）ってくふうすると，暗算でたし算やひき算ができるようになります。自分のやりやすい暗算のしかたを見つけていきましょう。

練習のワーク

教科書　上 56～72ページ　答え　6ページ

できた数　/14問中

おわったら シールを はろう

1 3けたの筆算　次の筆算をしましょう。

❶ 725 + 184

❷ 374 + 529

❸ 853 − 246

❹ 602 − 406

ちゅうい

くり上げやくり下げをしたときには、その数をわすれないように、書いておきましょう。

（れい・たし算）
$$\begin{array}{r} 846 \\ +275 \\ \hline 1121 \end{array}$$

（れい・ひき算）
$$\begin{array}{r} 914 \\ -639 \\ \hline 275 \end{array}$$

2 4けたの筆算　次の筆算をしましょう。

❶ 4665 + 718

❷ 2057 + 7454

❸ 5569 − 1831

❹ 9032 − 2578

3 3けたや4けたの計算　次の計算を筆算でしましょう。

❶ 511＋609

❷ 903－754

❸ 3825＋2937

❹ 8000－59

4 3けたの計算

赤い色紙が346まいあります。青い色紙は赤い色紙より157まい多いそうです。青い色紙は何まいありますか。

式

答え（　　　　）

5 4けたの計算

工場のそう庫に品物が7248こ入っています。このうち3657こを外に運び出しました。そう庫にのこる品物は何こですか。

式

答え（　　　　）

考え方

4 多い方の数をもとめる。⇨たし算で計算します。

□まい
346まい　157まい

5 のこりの数をもとめる。⇨ひき算で計算します。

7248こ
3657こ　□こ

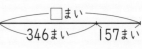

できるナビ　けた数の多いたし算やひき算は、筆算で計算するようにしよう。

1 よく出る 次の計算を筆算でしましょう。　1つ6〔18点〕

❶ 618＋532　❷ 328−249　❸ 603−327

2 よく出る 次の計算を筆算でしましょう。　1つ6〔36点〕

❶ 429＋1315　❷ 2342＋89　❸ 3025＋1735

❹ 3254−2068　❺ 5285−99　❻ 7000−1826

3 次の計算をくふうしてしましょう。　1つ6〔12点〕

❶ 405＋497　❷ 25＋3948＋75

4 ほのかさんは 1000 円もっています。624 円の本を買いました。何円のこっていますか。　1つ7〔14点〕

式

答え（　　　　　）

5 ある学校では、コピー用紙を先週は 1755 まい、今週は 2352 まい使(つか)いました。

❶ 先週と今週の使ったまい数を合わせると、何まいになりますか。　1つ5〔20点〕

式

答え（　　　　　）

❷ 先週と今週で、使ったまい数のちがいは何まいですか。

式

答え（　　　　　）

ふろくの「計算練習ノート」6〜8ページをやろう！

□ たし算・ひき算の筆算ができたかな？
□ くふうして計算ができたかな？

勉強した日　月　日

① 表
② ぼうグラフ［その1］

もくひょう
表にわかりやすくまとめたり、ぼうグラフの読み取り方を学ぼう。

おわったらシールをはろう

きほんのワーク

教科書 上 76〜81ページ　答え 6ページ

きほん1 調べたことを表にわかりやすくまとめることができますか。

☆ 左の表は、家でかっているペットのしゅるいを調べたものです。右の表で、「正」の字を数字になおしましょう。

ペット調べ

しゅるい	数(ひき)
犬	正𠃋
金　魚	正一
小　鳥	𠃋
モルモット	一
ね　こ	正丁
ハムスター	下
う　さ　ぎ	一

ペット調べ

しゅるい	数(ひき)
犬	9
金　魚	
小　鳥	
ね　こ	
ハムスター	
そ　の　他	
合　計	

とき方　表にまとめるときには、正 の字を使うと数えやすくなります。また、数の少ないものは、まとめて その他 とし、合計を書くらんも作ります。さいごに、「正」の字を数字になおします。

答え　左の表に記入

一…1　丁…2
下…3　𠃋…4
正…5
を表すね。

1 みほさんたちは、くだものの名前が書いてあるカードの中から、すきなくだもののカードをえらびました。

教科書 77ページ1 78ページ1

メロン	いちご	りんご	さくらんぼ	いちご
りんご	さくらんぼ	いちご	ぶどう	メロン
いちご	バナナ	メロン	いちご	さくらんぼ

❶ これを右の表に、まとめましょう。

❷ 人数がいちばん多いくだものは何ですか。（　　　）

❸ 「その他」にまとめたくだもののしゅるいは何ですか。

（　　　）

すきなくだもの調べ

しゅるい	人数(人)	
い　ち　ご	正	5
メ　ロ　ン		
り　ん　ご		
さくらんぼ		
そ　の　他		
合　計		

合計もわすれずに書くよ。

江戸時代は、数えるときに、「正」を使わず、「玉」の字で数えていたんだよ。

きほん2 ぼうグラフを読み取ることができますか。

☆下のぼうグラフは、文ぼう具のねだんを表したものです。ねだんがいちばん高い文ぼう具は何で、そのねだんはいくらですか。

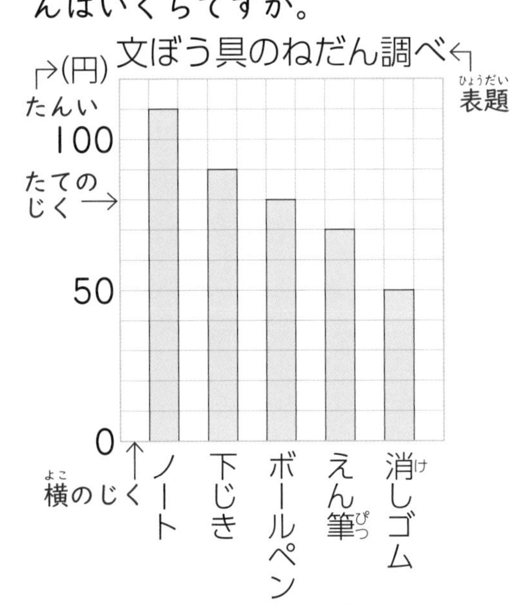

とき方 ぼうがいちばん長いのは、[　　　]です。グラフで、１目もりは[　　　]円だから、いちばん長いぼうは、[　　　]円を表しています。

答え 文ぼう具[　　　]
ねだん[　　　]円

たいせつ
ぼうの長さで数の大きさを表したグラフを、**ぼうグラフ**といいます。１目もりの大きさに気をつけ、ぼうの長さがいくつを表しているか考えます。また、ぼうグラフは、ふつう数の大きさのじゅんにならべかえ、「その他」はさいごにかきます。ただし、曜日などのように、じゅん番のあるものは、じゅん番の通りにグラフに表すことがあります。

2 下のぼうグラフを見て、問題に答えましょう。　教科書 79~81ページ

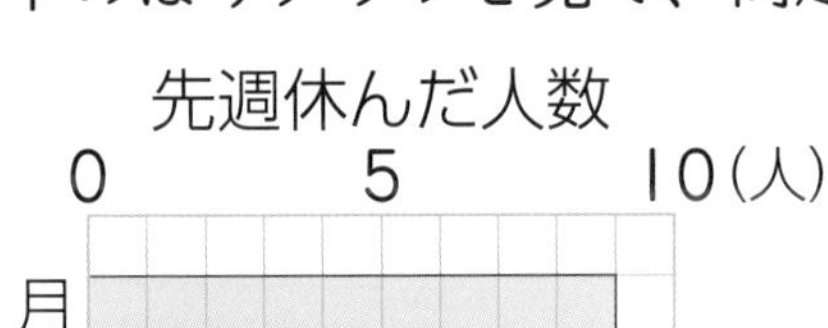

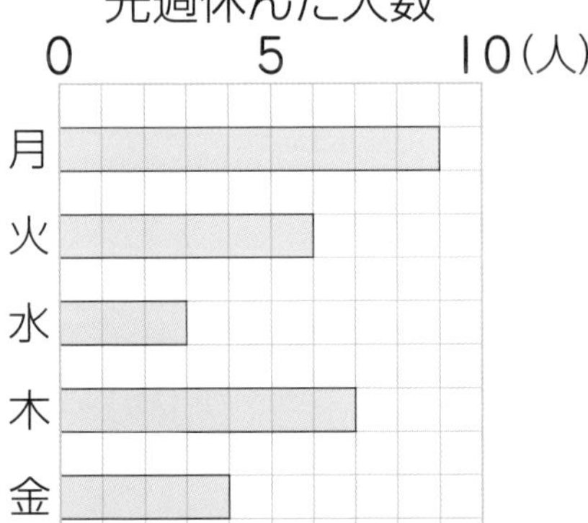

❶ グラフで、１目もりは、何人を表していますか。
(　　　)

❷ 木曜日に休んだのは何人ですか。
(　　　)

❸ 休んだ人数がいちばん少ないのは何曜日ですか。
(　　　)

3 次のぼうグラフで、１目もりが表している大きさと、ぼうが表している大きさを答えましょう。　教科書 81ページ1

❶
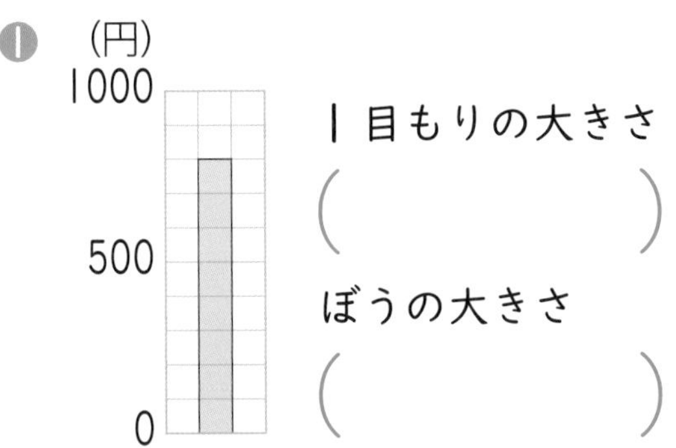

１目もりの大きさ
(　　　)
ぼうの大きさ
(　　　)

❷
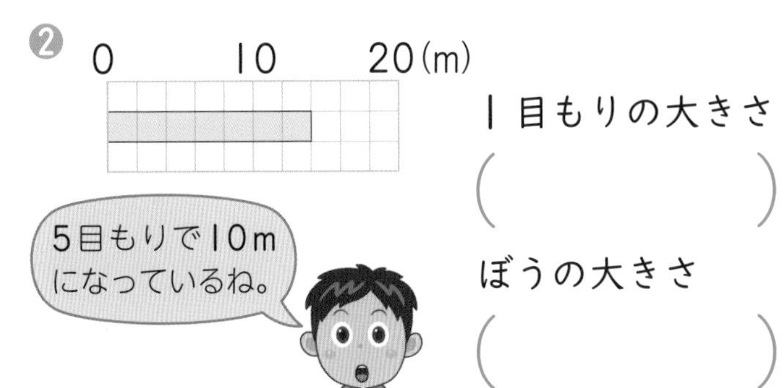

１目もりの大きさ
(　　　)
ぼうの大きさ
(　　　)

ポイント 調べたことを、表にわかりやすくまとめたり、数の大小をぼうの長さで表せるぼうグラフを読み取れるようにします。

勉強した日　月　日

② ぼうグラフ [その2]
③ くふうした表

きほんのワーク

もくひょう
ぼうグラフのかき方や１つの表への整理のしかたをおぼえよう。

おわったらシールをはろう

教科書 上 82〜85ページ　答え 7ページ

きほん1 ぼうグラフをかくことができますか。

☆ 下の表は、3年1組で、1週間に図書室で読んだ本のしゅるいを調べたものです。ぼうグラフに表しましょう。

読んだ本の数

しゅるい	物語	でん記	図かん	その他
本の数(さつ)	8	6	3	4

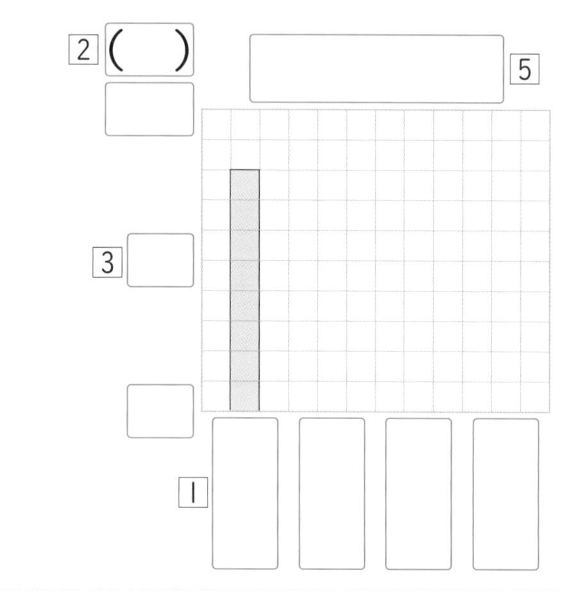

とき方 ぼうグラフは、次のようにしてかきます。

1 横のじくに、本のしゅるいを、左から、さっ数の多いじゅんにならべて書き、「その他」はさいごに書く。

2 たてのじくの目もりのたんいを書く。

3 たてのじくに、いちばん多いさっ数がかき表せるように、1目もり分のさっ数を考えて、5、10などの数を書く。

4 さっ数に合わせて、ぼうをかく。

5 表題を書く。

答え 左の問題に記入

1 下の表は、3年生全員について、住んでいる町を調べたものです。ぼうグラフに表しましょう。

教科書 82〜83ページ

住んでいる町

町　名	人数(人)
東　町	26
西　町	18
南　町	13
北　町	10
その他	6

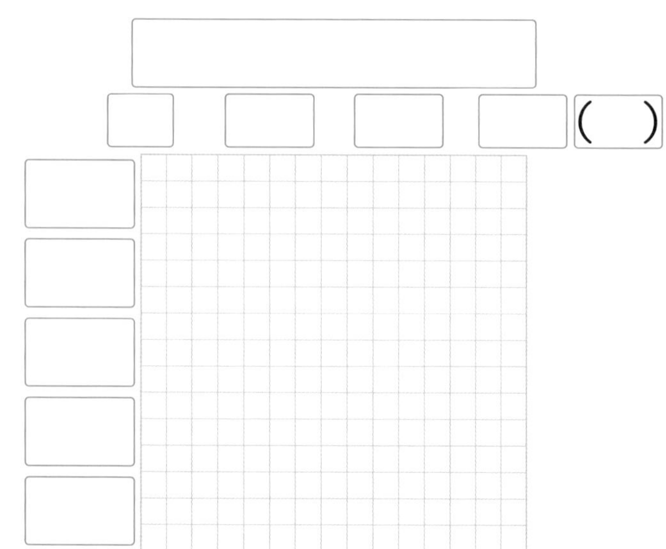

さんすうはかせ　数えるときの「正」の字は、中国や韓国でも使われているよ。

きほん2 いくつかの表を、１つの表に整理できますか。

☆下の表は、3年生の１組、2組、3組の先月のけがのしゅるいと数を調べたものです。それぞれの組ごとに表した3つの表を、１つの表に整理しましょう。

1組でけがをした人の数

しゅるい	数（人）
すりきず	6
打ち身	4
切りきず	8
つき指	5
その他	3
合計	26

2組でけがをした人の数

しゅるい	数（人）
すりきず	5
打ち身	2
切りきず	7
つき指	6
その他	2
合計	22

3組でけがをした人の数

しゅるい	数（人）
すりきず	8
打ち身	5
切りきず	6
つき指	3
その他	3
合計	25

けがをした人の数　（人）

しゅるい＼組	１組	2組	3組	合計
すりきず	6	5	8	19
打ち身	4	2		
切りきず	8			
つき指				
その他				
合計				㋐

とき方 それぞれの組ごとの、けがをした人の数を上の表に書き、たてと横の合計も書きます。㋐のところのたての合計と横の合計が同じになっていることを、たしかめます。

答え 上の表に記入

2 次の表は、4月、5月、6月に学校を休んだ人の数を、月ごとに調べたものです。

教科書 84ページ1 85ページ1

4月に休んだ人の数

組	数（人）
１組	7
2組	13
3組	9
合計	29

5月に休んだ人の数

組	数（人）
１組	11
2組	12
3組	8
合計	31

6月に休んだ人の数

組	数（人）
１組	9
2組	7
3組	12
合計	28

❶ 上の3つの表を、右の１つの表に整理しましょう。

休んだ人の数　（人）

組＼月	4月	5月	6月	合計
１組				
2組				
3組				
合計				㋐

❷ 4月から6月までの間で、休んだ人の数がいちばん少ないクラスは何組ですか。

（　　　　）

❸ 表の㋐に入る数は、何を表していますか。

（　　　　　　　　　　）

ポイント ぼうグラフに表すと、大きさがくらべやすくなってべんりです。いくつかの表を１つの表に整理すると、全体のようすがわかりやすくなります。

勉強した日 月 日

教科書 上 76〜86ページ　答え 7ページ

できた数 /7問中

おわったらシールをはろう

1 ぼうグラフのかき方

あきとさんは、3年生の人のすきな食べものを調(しら)べて、次(つぎ)の表(ひょう)とぼうグラフに表(あらわ)しました。

すきな食べもの

しゅるい	カレーライス	すし	とりのからあげ	ハンバーグ	その他(た)
人数(人)	27	24	19	18	

❶ 右のグラフで、１目もりは何人を表していますか。

（　　　　）

❷ 上の表のあいているところに入る数を答えましょう。

（　　　　）

❸ すし、ハンバーグのグラフをかきましょう。

❹ いちばん多いすきな食べものがすぐわかるのは、表とぼうグラフのどちらですか。

（　　　　）

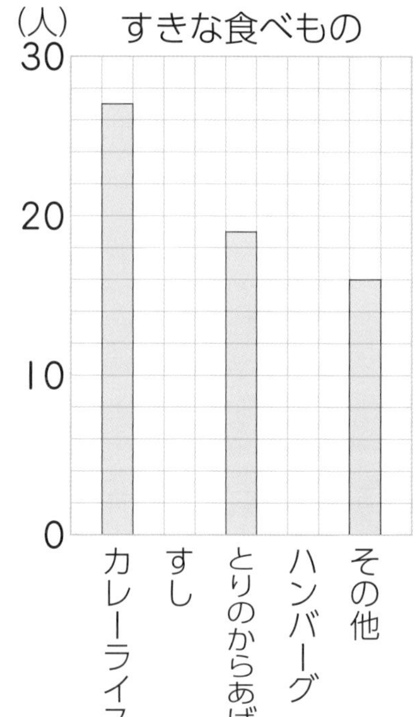

2 くふうした表

次の表は、えりさんの学校で、先週休んだ人数を表したものです。

先週休んだ人数　(人)

曜日＼学年	1年	2年	3年	4年	5年	6年	合計
月	1	3	0	1	0	1	6
火	1	0	1	1	0	0	㋐
水	0	3	2	1	3	0	㋑
木	3	2	2	1	2	0	㋒
金	1	1	1	0	0	2	㋓
合計	㋔	9	㋕	㋖	㋗	㋘	㋙

❶ 表をかんせいさせましょう。

❷ 休んだ人数がいちばん多かったのは何年生ですか。

（　　　　）

❸ 月曜日から金曜日までの、休んだ人数の合計は何人ですか。

１年生から６年生までの休んだ人の合計の数と同じになります。

（　　　　）

ちゅうい
㋙が、たてと横(よこ)それぞれの合計で、同じになります。両方(りょうほう)を計算して、同じになるかたしかめましょう。

できるナビ　目もりの大きさを正しく読み取(と)って、正しいぼうグラフがかけるようになろう。

時間20分　とく点　/100点　おわったらシールをはろう

1 よく出る 右のぼうグラフは、まりんさんが先週家で本を読んだ時間を表したものです。

1つ10〔30点〕

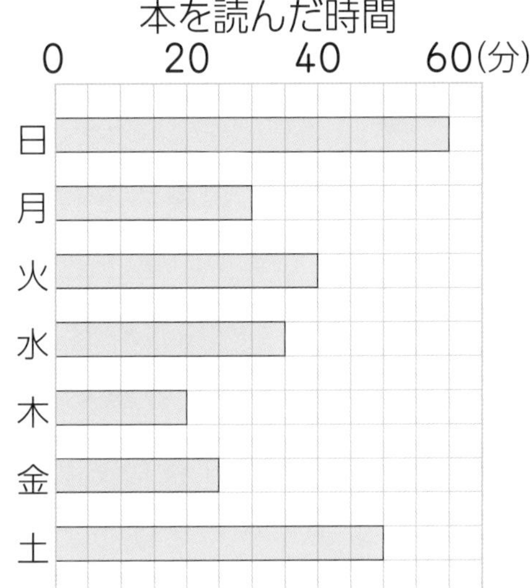

❶ 本を読んだ時間がいちばん長いのは何曜日ですか。

（　　　　）

❷ 金曜日に本を読んだ時間は何分ですか。

（　　　　）

❸ 木曜日の2倍の時間、本を読んだのは何曜日ですか。

（　　　　）

2 よく出る 下の表は、3年生の3クラスで、すきなスポーツを調べたものです。

1つ35〔70点〕

❶ 表のあからけにあてはまる数を入れましょう。

❷ すきなスポーツのしゅるいごとの合計の人数を、ぼうグラフに表しましょう。

すきなスポーツ調べ　(人)

しゅるい＼組	1組	2組	3組	合計
野球	6	11	7	あ
サッカー	9	8	12	い
バスケットボール	12	10	6	う
水泳	2	0	4	え
その他	2	3	3	お
合計	か	き	く	け

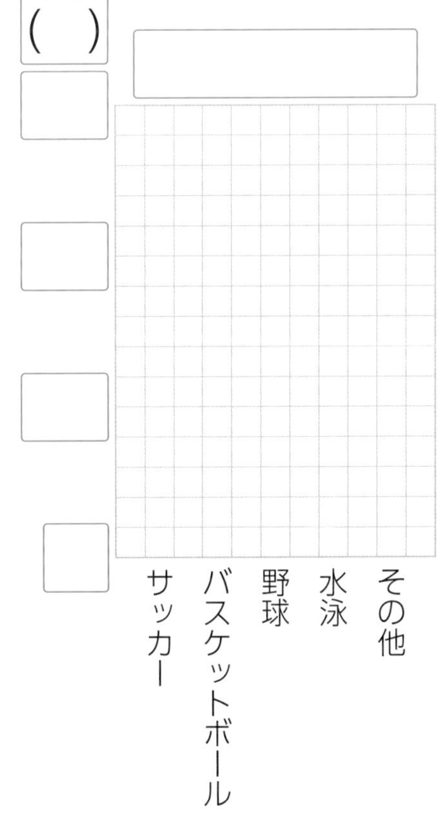

チェック
□ 表やぼうグラフから数を読み取ったり、ぼうグラフをかいたりできたかな？
□ くふうした表をかけたかな？

6 長い長さのたんいや表し方を考えよう 長さ
勉強した日 月 日
① はかり方
② キロメートル
きほんのワーク
もくひょう
長い長さのはかり方や、長さのたんいのかんけいを学んでいこう。
おわったらシールをはろう
教科書 上 88〜96ページ
答え 8ページ

きほん1 長い長さやまるいものの長さのはかり方がわかりますか。

☆次の㋐〜㋓の長さをはかるには、ものさしとまきじゃくのどちらを使えばべんりですか。㋐〜㋓の記号で答えましょう。

㋐ ノートのたての長さ。　㋑ 黒板の横の長さ。

㋒ 木のまわりの長さ。　㋓ 学校のろうかのはば。

とき方 1mより長いものの長さや、まるいもののまわりの長さをはかるときは、まきじゃくを使うとべんりです。

1mより長いものは □ と □ 、まるいものは □ です。

答え ものさし □　まきじゃく □ と □ と □

1 次の㋐〜㋔の長さをはかるには、ものさしとまきじゃくのどちらを使えばべんりですか。㋐〜㋔の記号で答えましょう。 教科書 89〜92ページ

㋐ まっすぐに10歩歩いて進んだ長さ。

㋑ 本のあつさ。

㋒ えん筆の長さ。

㋓ 頭のまわりの長さ。

㋔ 音楽室の前から後ろまでの長さ。

まるいもののまわりの長さをはかるときは、まきじゃくを使うんだったね。

ものさし（　　　）　まきじゃく（　　　）

2 次のまきじゃくの↓のところは、何m何cmですか。 教科書 91ページ1

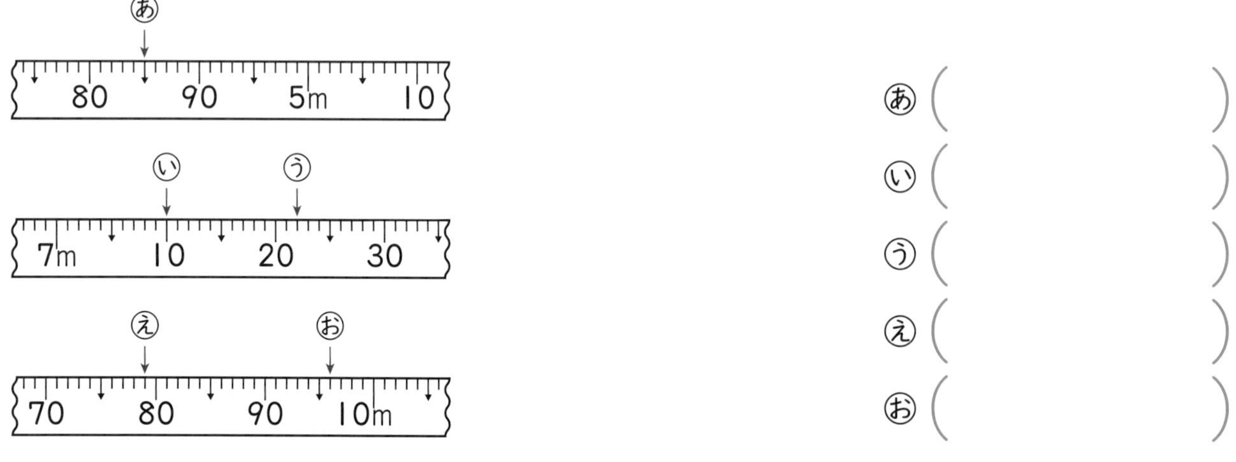

あ（　　　）

い（　　　）

う（　　　）

え（　　　）

お（　　　）

さんすうはかせ 「じょうぎ」は線などを引くための文ぼう具のことで、「ものさし」はものの長さをはかるための道具のことをいうよ。

きほん 2 「km」のたんいがわかりますか。

☆家から小学校までの道のりは1400mです。これは何km何mですか。

とき方 1000mは1kmだから、
1400mは、□km□m
になります。

1キロメートル400メートル
または、
1キロ400メートルといいます。

答え □km□m

たいせつ
2つの場所を決めて、その間をまっすぐにはかった長さを、**きょり**といいます。また、道にそってはかった長さを**道のり**といいます。
1000mを1kmと書き、**1キロメートル**といいます。　1km=1000m

3 次の□にあてはまる数を書きましょう。

教科書 93ページ1

❶ 6000m=□km

❷ 5200m=□km□m

❸ 7km800m=□m

❹ 3km40m=□m

❹は、340mとしたり、3400mとしないように気をつけよう。

きほん 3 長さのたし算やひき算のしかたがわかりますか。

☆家から図書館までの道のりは1km300m、図書館から駅までの道のりは500mです。家から図書館の前を通って駅まで行くときの道のりは何km何mですか。

とき方 道のりは、同じたんいの数どうしのたし算をします。

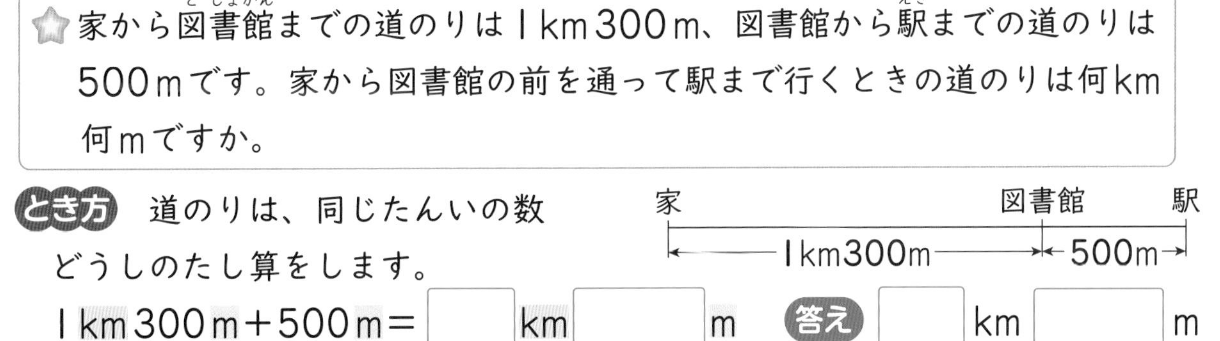

1km300m+500m=□km□m　**答え** □km□m

4 右の地図を見て、下の問題に答えましょう。

教科書 93ページ1 94ページ2

❶ あおいさんの家から学校までのきょりは何km何mですか。また、家から学校までの道のりは何km何mですか。

きょり（　　　）

道のり（　　　）

❷ 家から学校までのきょりと道のりのちがいは、何mですか。

（　　　）

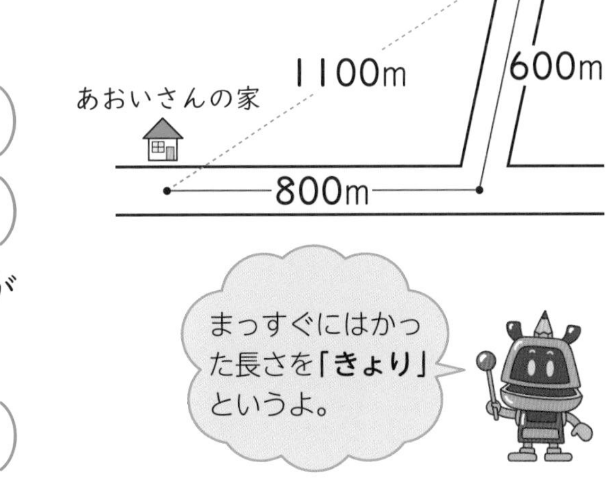

ポイント 2つの場所を決めて、その間をまっすぐにはかった長さを「きょり」といい、道にそってはかった長さを「道のり」といいます。きょりと道のりのちがいをおぼえましょう。

練習のワーク

教科書 上 88～98ページ　答え 8ページ

勉強した日　月　日
できた数
/13問中
おわったら
シールを
はろう

1 長さのたんい　次の□にあてはまるたんいを書きましょう。

❶ １時間に歩く道のり。　3 □　❷ 算数の教科書のあつさ。7 □

❸ はがきの横の長さ。　10 □　❹ 木の高さ。　9 □

長さのたんい
１cm＝10mm　１m＝100cm　１km＝1000m

2 長さのたんい　次の□にあてはまる数を書きましょう。

❶ 8000m＝□km　❷ 2500m＝□km□m

❸ 4km＝□m　❹ 2km300m＝□m

❺ 5km30m＝□m　❻ 9km6m＝□m

3 きょりと道のり　右の地図を見て、下の問題に答えましょう。

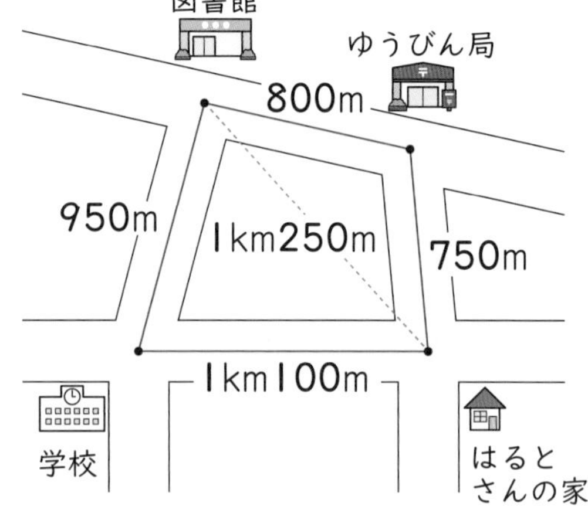

❶ 学校から図書館の前を通ってゆうびん局まで行くときの道のりは、何km何mですか。

（　　　　）

❷ はるとさんの家から図書館までのきょりは、何mですか。

（　　　　）

❸ はるとさんの家から図書館まで行くのに、学校の前を通って行くのと、ゆうびん局の前を通って行くのとでは、道のりのちがいは、何mですか。
└長さは同じたんいの数どうしを計算します。

（　　　　）

考え方
❸ 1100m＋950mとして、同じたんいの長さにしてたし算します。

きょりと道のり
「きょり」…まっすぐにはかった長さ
「道のり」…道にそってはかった長さ

できるナビ　長さを計算するときは、同じたんいの数どうしを計算することに注意しよう。

1 よく出る 次のまきじゃくの↓のところは、何m何cmですか。　1つ10〔30点〕

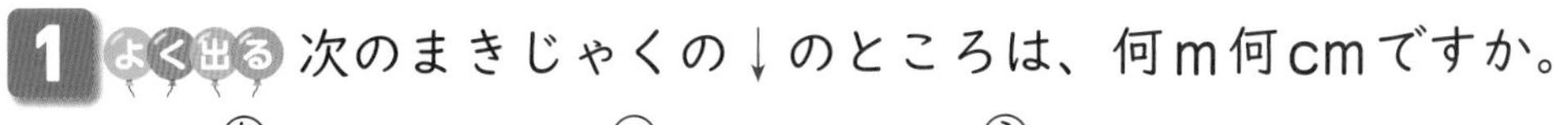

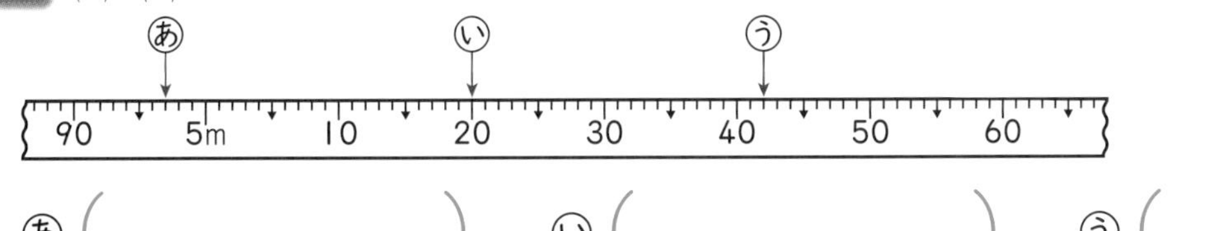

あ（　　　）　い（　　　）　う（　　　）

2 次の□にあてはまる数を書きましょう。　1つ10〔50点〕

❶ 9000m＝□km　　❷ 2800m＝□km□m

❸ 5km110m＋900m＝□km□m

❹ 1km−650m＝□m

❺ 3km200m−900m＝□km□m

3 たけるさんは、町たんけんをします。学校を出発(しゅっぱつ)して、パン屋(や)と花屋によってから、公園に行きます。　1つ10〔20点〕

道のりとかかる時間

	道のり	かかる時間
学　校⟷パン屋	700m	14分
学　校⟷花　屋	900m	18分
パン屋⟷花　屋	1km100m	22分
花　屋⟷公　園	1km200m	24分
パン屋⟷公　園	1km700m	34分

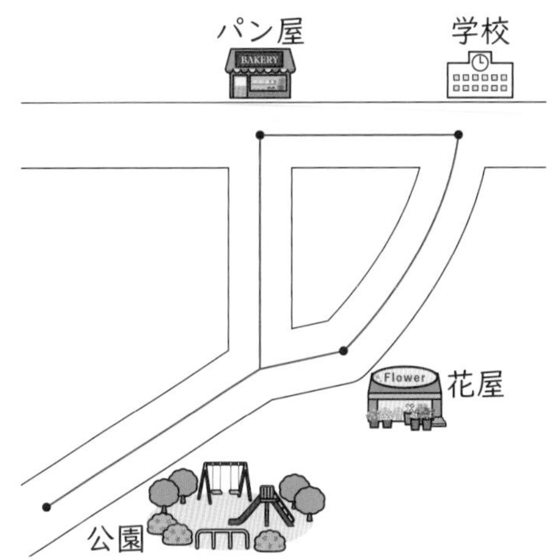

❶ 上の表(ひょう)は、それぞれの道のりとかかる時間です。なるべく短(みじか)い時間で行くには、パン屋と花屋のどちらを先に行くとよいですか。

（　　　）

❷ パン屋へ先に行くのと、花屋へ先に行くのでは、道のりは、どちらが何m長いですか。

（　　　）

ふろくの「計算練習ノート」9ページをやろう！

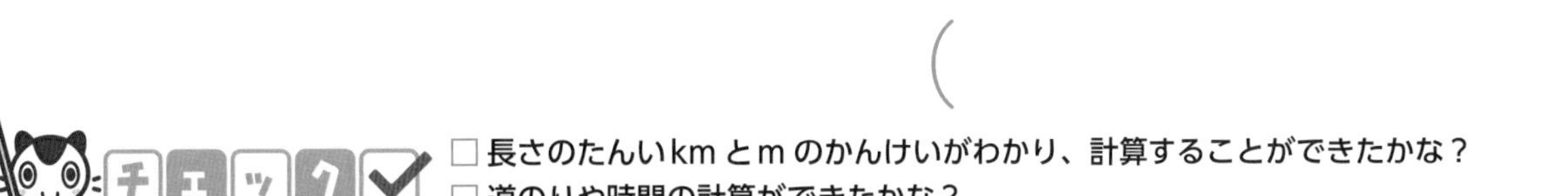

チェック
□長さのたんいkmとmのかんけいがわかり、計算することができたかな？
□道のりや時間の計算ができたかな？

勉強した日　月　日

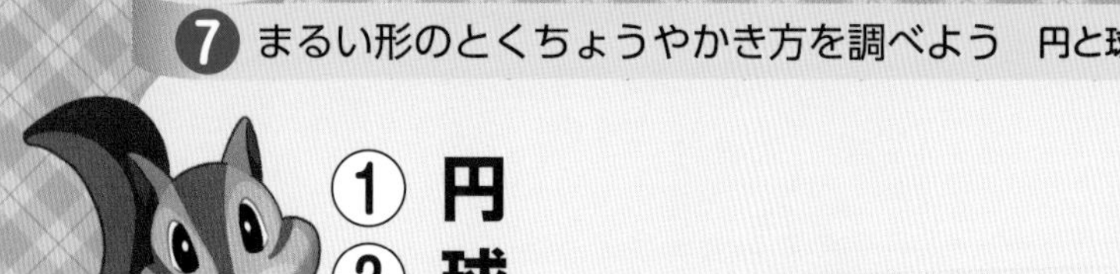

もくひょう
円や球のとくちょうを学び、コンパスの使い方をおぼえよう。

おわったらシールをはろう

① 円
② 球
きほんのワーク

教科書 上 102〜113ページ　答え 9ページ

きほん1 コンパスを使って、円がかけますか。

☆ 半径2cmの円をかきましょう。

答え

とき方 円をかくときは、次のようにします。

1 円の中心を決めて、半径の長さに点を打つ。
2 点に合わせて半径の長さにコンパスを開く。
3 中心にコンパスのはりをさす。
4 手首を自分の方にひねってかき始める。
5 と中で止めないでコンパスをまわす。

たいせつ
1つの点から長さが等しくなるようにかいたまるい形を円といいます。その1つの点を円の**中心**、中心から円のまわりまで引いた直線を**半径**といいます。1つの円では、半径の長さはみな等しくなります。

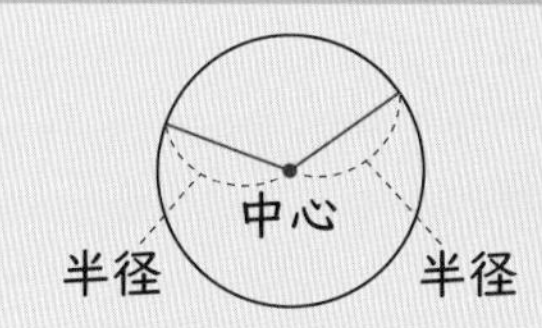

1 コンパスを使って、次の半径の円をノートにかきましょう。 教科書 106ページ3

❶ 半径2cm5mm　　❷ 半径7cm

きほん2 円のとくちょうがわかりますか。

☆ 右の図のように、円のまわりからまわりまで引いた直線のうちで、いちばん長い直線はどれですか。

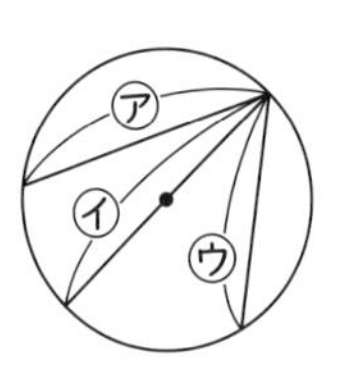

とき方 円のまわりからまわりまで引いた直線の中で、直径がいちばん長い直線です。

答え □ の直線

たいせつ
円の中心を通り、円のまわりからまわりまで引いた直線を**直径**といい、直径の長さは半径の長さの2倍です。
1つの円の中に直径は数かぎりなくあり、長さはすべて同じです。

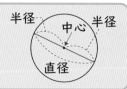

半径　中心　半径　直径

2 1つの辺の長さが3cmの右の正方形の中に、ぴったり入る円をかきましょう。 教科書 109ページ2

円をたて方向や横方向にのばしたり、ちぢめたりした形を「だ円」というよ。

きほん3 コンパスを使って、直線の長さをうつしとれますか。

☆コンパスを使って、次の直線を2cmずつに区切(くぎ)ってみましょう。

2cm

とき方 コンパスを使って、しるしをつけていきます。

1 コンパスを2cmの長さに開く。
2 直線の左はしにはりをさす。
3 直線に区切りのしるしをつける。
4 3をくり返(かえ)す。

コンパスは、直線の長さを別の場所にうつすときにも使えるね。

答え 上の図に記入

3 コンパスを使って、アからイまでの長さを下の直線の上にうつしましょう。

教科書 110ページ5

❶

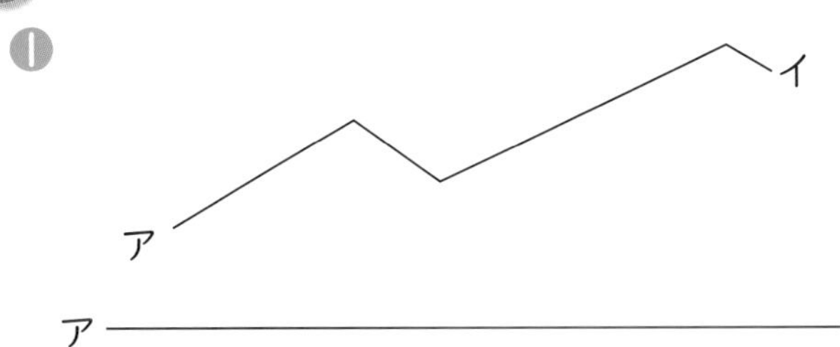

ア

❷

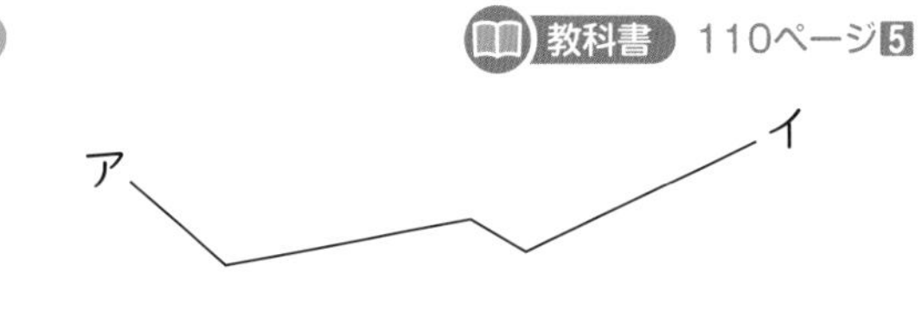

ア

きほん4 球とは、どんな形かわかりますか。

☆球(きゅう)の形をしたものはどれですか。

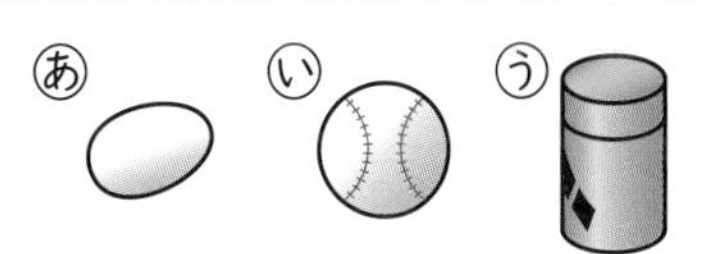

とき方 どこから見ても円に見える形を 球 といいます。あはまるい形に見えますが、ま横から見るとつぶれています。うはま横から見ると長方形に見えます。

たいせつ

ボールのように、どこから見ても円に見える形を、**球**といいます。球をちょうど半分に切ったとき、切り口の円の中心、半径、直径を、それぞれ、この球の**中心**、**半径**、**直径**といいます。

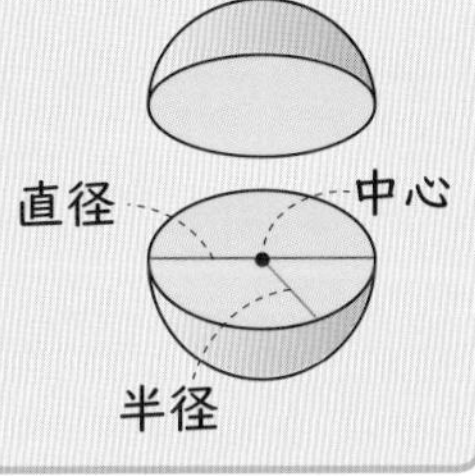

答え □

4 次の□にあてはまることばや数を書きましょう。

教科書 112〜113ページ

❶ 球をどこで切っても、切り口の形は □ です。

❷ 直径12cmの球の半径は、□ cmです。

❸ 半径5cmの球の直径は、□ cmです。

球の半径と直径の長さのかんけいは、円と同じだよ。

ポイント 1つの円や球では、半径や直径の長さはみな等しいです。球は、ちょうど半分に切ったとき、その切り口の円がいちばん大きくなります。

練習のワーク

教科書 上 102～116ページ　答え 9ページ

できた数　/8問中

おわったらシールをはろう

1 円と球のとくちょう 次の□にあてはまる数やことばを書きましょう。

❶ 直径 14cm の円の半径は、□ cm です。

❷ 半径 4cm の円の直径は、□ cm です。

❸ 球をま上から見ると、□ に見えます。

❹ □ は、円のまわりからまわりまで引いた直線の中で、いちばん長い直線です。

❺ 半径 3cm の球の直径は、□ cm です。

円と球
- 円の直径の長さは、半径の長さの 2 倍です。
- 球はどこから見ても円に見えます。
- 球の直径の長さは、半径の長さの 2 倍です。

2 コンパスの使い方 コンパスを使って、次の㋐、㋑、㋒の直線の長さをくらべて、長いじゅんに記号で答えましょう。

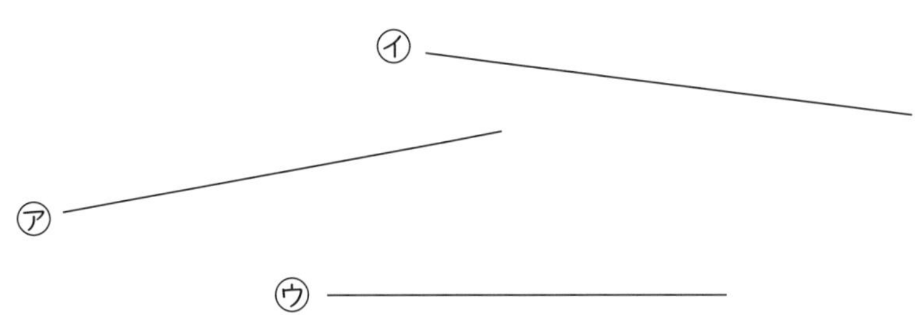

（　　、　　、　　）

考え方
コンパスは円をかくほかに、長さをうつしたり、区切ったり、くらべたりすることができます。
㋐の直線の長さをコンパスにとって、㋑、㋒の直線の長さとくらべましょう。

3 円のとくちょう 右の図のように、半径 9cm の円の直径の上にみな同じ大きさの円が 3 こならんでいます。小さい円の直径は何cm ですか。

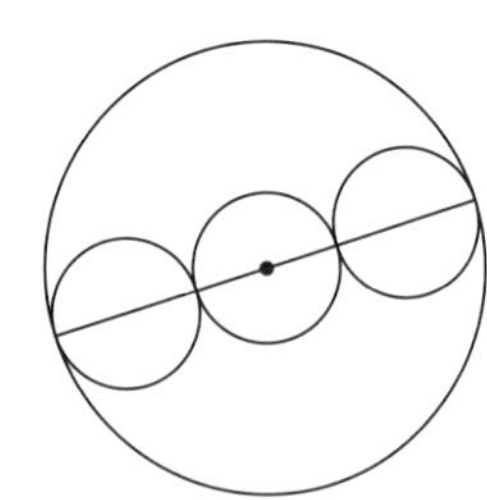

（　　　　）

4 球のとくちょう 右の図のように、直径 8cm のボールが 3 こぴったりつつに入っています。このつつの高さは何cm ですか。

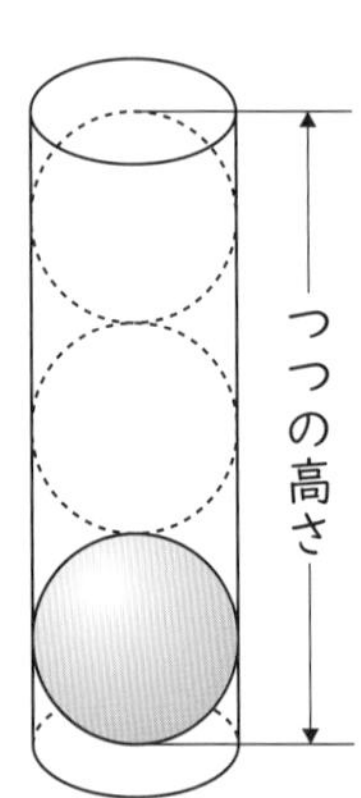

（　　　　）

できるナビ　円や球のいろいろなとくちょうをおぼえておこう。

教科書 ㊤ 102〜116ページ　答え 9ページ

時間 20分　とく点 /100点　おわったらシールをはろう

1 右の長方形の中に半径3cmの円を、重(かさ)ならないようにできるだけたくさんかくと、何こかけますか。〔20点〕

18cm　12cm

(　　　)

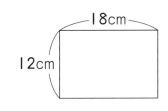

2 よく出る 右の図のように、直径4cmの円をならべました。1つ10〔30点〕

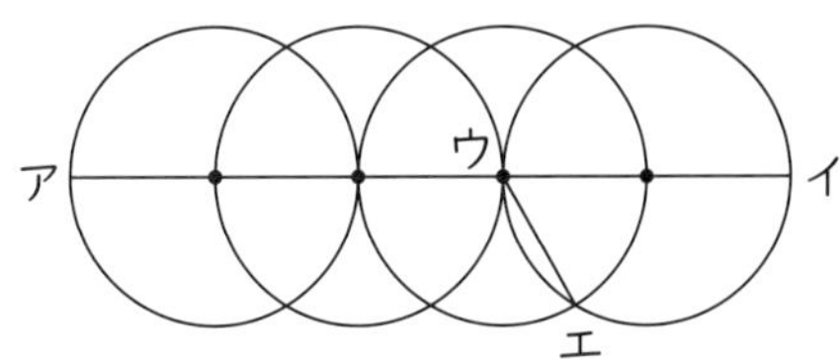

❶ 円の半径は何cmですか。

(　　　)

❷ アイの直線の長さは何cmですか。(　　　)

❸ ウエの直線の長さは何cmですか。(　　　)

3 よく出る 右の図のように、同じ大きさのボールがぴったり箱(はこ)に入っています。1つ15〔30点〕

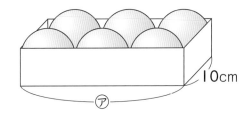

❶ ボールの直径は何cmですか。

(　　　)

❷ 箱の㋐の長さは何cmですか。

(　　　)

4 コンパスを使って、下の図と同じもようをかきましょう。〔20点〕

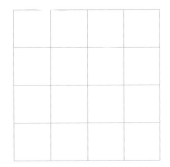

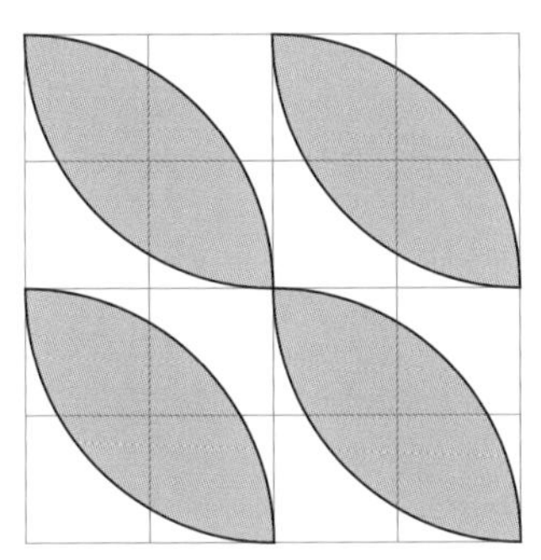

□円や球のとくちょうがわかったかな？
□コンパスを使ってもようをかくことができたかな？

勉強した日　月　日

もくひょう
わり算のあまりの意味を考えて、たしかめもできるようになろう。

おわったらシールをはろう

① あまりのあるわり算

きほんのワーク

教科書 上 118～123ページ　答え 10ページ

きほん1 あまりのあるわり算のしかたがわかりますか。

☆ 13このケーキを、3こずつ箱(はこ)に入れると、何箱できて、何こあまりますか。

とき方 同じ数ずつ分けるので、式(しき)は 13÷□ となります。

13÷3 の答えをもとめるときも、3 のだんの九九を使(つか)います。

3箱 → 3×3=9　13−9=4　□こあまる。

4箱 → 3×4=□　13−□=□　□こあまる。

5箱 → 3×5=□　15−□=□　□こたりない。

5箱ではケーキがたりないので、□箱のときが答えになります。このことを、次(つぎ)のように

13÷3=4 あまり 1 と書きます。

答え □箱できて、□こあまる。

たいせつ
あまりのあるときは、**わり切れない**といい、あまりのないときは、**わり切れる**といいます。

1 次の計算をしましょう。　教科書 120ページ 1

❶ 43÷6　❷ 55÷9

❸ 24÷7　❹ 50÷8

❺ 26÷5　❻ 35÷4

きほん2 わる数とあまりの大きさのかんけいがわかりますか。

☆ 17÷3=4あまり5 にまちがいがあれば、正しくなおしましょう。

とき方 あまりの5が、わる数の3より大きいので、正しくありません。答えは、□あまり□です。

答え 17÷3=□あまり□

ちゅうい
わり算のあまりは、いつもわる数より小さくなります。
わる数>あまり

さんすうはかせ
「■÷●=▲あまり★」のとき、■は「わられる数」、●は「わる数」だけど、▲を「商(しょう)」、★を「あまり」といって、このわり算の商とあまりが答えになるよ。

2 次の計算の答えが正しいときは○を、答えが正しくないときは、正しい答えを書きましょう。

教科書 122ページ2

❶ 29÷5＝4あまり9

（　　　　）

❷ 43÷7＝6あまり1

（　　　　）

❸ 53÷9＝5あまり7

（　　　　）

❹ 33÷6＝4あまり9

（　　　　）

3 53このおはじきを、7人で同じ数ずつ分けます。1人分は何こになって、何こあまりますか。

教科書 122ページ3

式

答え（　　　　）

きほん3 わり算の答えのたしかめのしかたがわかりますか。

☆ 19÷3＝6あまり1　としました。この計算の答えをたしかめましょう。

とき方 わり算の答えが正しいかどうかは、次の計算でたしかめます。

19 ÷ 3 ＝ 6 あまり 1

3 × 6 ＋ 1 ＝ 19

3 × 6　1　19

答え 3×6＋1＝□となり、正しい。

4 次の計算の答えを、（　）にたしかめの式を書いてたしかめましょう。正しいときは○を、正しくないときは正しい答えを［　］に書きましょう。

教科書 123ページ1

❶ 29÷9＝3あまり1　（　　　　）［　　　　］

❷ 32÷7＝4あまり4　（　　　　）［　　　　］

5 次の計算をしましょう。また、たしかめもしましょう。

教科書 123ページ2

❶ 20÷3　答え（　　　　）たしかめ（　　　　）

❷ 66÷7　答え（　　　　）たしかめ（　　　　）

❸ 53÷8　答え（　　　　）たしかめ（　　　　）

ポイント あまりがわる数よりも大きいときは、たしかめの式にあてはめて計算した答えが、わられる数になっても、正しくありません。あまりは、わる数よりもかならず小さくなります。

勉強した日　月　日

② いろいろな問題
なるほど算数　わり算の筆算
きほんのワーク

もくひょう
あまりの意味を考えて、わり算のいろいろな問題をといていこう。

おわったらシールをはろう

教科書 上124、126ページ　答え 10ページ

きほん1 あまりがないように分けられますか。

☆りんごが26こあります。

❶ 6こずつふくろに入れると、何ふくろできて、何このこりますか。

❷ のこりがないように、6こ入りのふくろと7こ入りのふくろを作るとすると、それぞれ何ふくろできますか。

とき方 ❶ 式(しき)は、□÷□です。
九九を使(つか)って答えをもとめると、
□あまり□になります。

❷ 右の図のように、のこった2このりんごで1こずつふやせば、7こ入りのふくろを□ふくろ作ることができます。

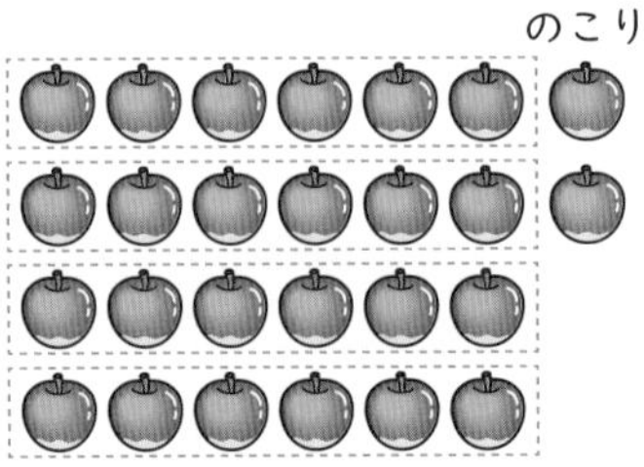

のこり

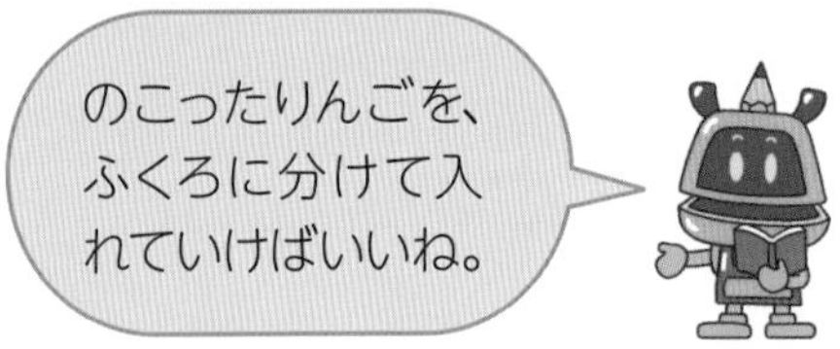

のこったりんごを、ふくろに分けて入れていけばいいね。

答え ❶ □ふくろできて、□このこる。

❷ 6こ入り…□ふくろ、7こ入り…□ふくろ

1 バラの花が52本あります。 教科書 124ページ1

❶ 8本ずつたばにすると、何たばできて、何本あまりますか。

式　答え（　　　）

❷ ❶のわり算を使って、あまりが出ないように、8本のたばと9本のたばを作るとすると、それぞれ何たばできますか。

8本（　　　）　9本（　　　）

きほん2 問題の意味を考えて、答えをもとめられますか。

☆自動車(じどうしゃ)に5人ずつ乗(の)ります。32人が乗るには、自動車は何台いりますか。

とき方 式を書いて計算すると、□÷□=□あまり□です。
自動車が6台では、2人が乗れません。あまった2人が乗る自動車がもう1台いります。6+□=□　答え □台

さんすうはかせ　わり算は等(ひと)しく分けるというのがきまりなんだ。だから、分けられないときはあまるし、さらに細かく分けるやり方もあとで学習(がくしゅう)するよ。

2 子どもが58人います。1きゃくで6人すわれる長いすがあるとき、全員がすわるには、長いすは何きゃくひつようですか。

教科書 124ページ1

式

答え（　　　　　）

3 荷物が67こあります。1回に8こずつ運べるとすると、荷物を全部運ぶためには、何回運ぶことになりますか。

教科書 124ページ1

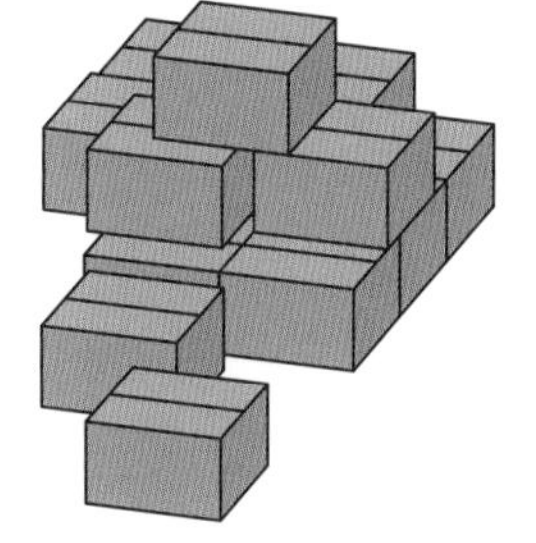

式

答え（　　　　　）

4 あめが31こあります。4こ入りのをふくろを作ると、ふくろは何ふくろできますか。

教科書 124ページ2

式

あまったあめだけでは、ふくろは作れないね。

答え（　　　　　）

はってん きほん3 わり算の筆算のしかたがわかりますか。

☆ 24÷5を筆算でしましょう。

とき方 わり算も筆算ですることができます。

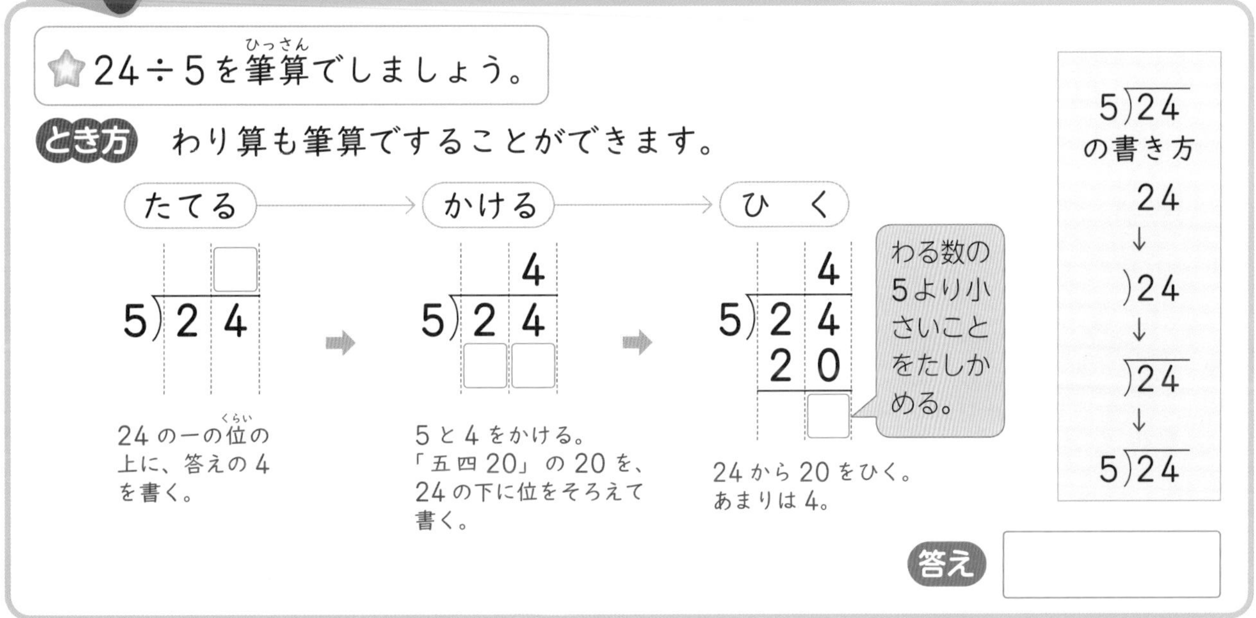

答え [　　　　]

はってん 5 次のわり算を筆算でしましょう。

教科書 126ページ

❶ 33÷5　　❷ 44÷7　　❸ 45÷8

ポイント あまりのあるわり算の問題の中には、あまった分をふやして答えるものや、あまりを考えないものがあります。問題の意味を考えることが大切です。

勉強した日　月　日

練習のワーク①

教科書 上 118～126ページ　答え 10ページ

できた数　/12問中

おわったらシールをはろう

1 あまりのあるわり算　次の計算をしましょう。

❶ 54÷7　❷ 68÷9　❸ 43÷5

❹ 37÷5　❺ 29÷7　❻ 52÷8

2 答えのたしかめ　次の計算が正しいときは○を、正しくないときは正しい答えを書きましょう。

❶ 45÷6＝7あまり3　(　　)

❷ 58÷8＝6あまり10　(　　)

ちゅうい
わり算のあまりは、いつもわる数より小さくなります。たしかめの式で計算して、答えがわられる数になっても、**あまりがわる数より大きければ正しくありません。**

3 あまりのあるわり算　くりが46こあります。

❶ 7人で同じ数ずつ分けると、1人分は何こになって、何こあまりますか。

式

答え (　　)

❷ 1人に7こずつ分けると、何人に分けられて、何こあまりますか。

式

答え (　　)

4 あまりを考える問題　ドーナツが38こあります。6こ入りの箱を作ると、箱は何箱できますか。

式

答え (　　)

5 わり算の問題を作る　りんごが30こあります。このとき、30÷8の式になるような問題を作りましょう。

(　　)

できるナビ　あまりのあるわり算では、たしかめをしてミスをしないようにしよう。

練習のワーク②

教科書 ㊤118〜126ページ　答え 11ページ

おわったらシールをはろう

1 あまりのあるわり算　次の計算をしましょう。また、たしかめもしましょう。

❶ 30÷7

30÷7＝● あまり ▲
7×●＋▲＝30

答え（　　　）　たしかめ（　　　）

❷ 78÷9

答え（　　　）　たしかめ（　　　）

2 あまりを考える問題　49このかきを、5人に同じ数ずつ配(くば)ると、１人分がいちばん多くなるのは何このときですか。

式

答え（　　　）

3 あまりを考える問題　１まいの画用紙から8まいのカードを作ることができます。カードを62まい作るには、画用紙は何まいいりますか。

画用紙が7まいでは、カードは56まいしか作れないね。

式

答え（　　　）

4 あまりを考える問題　50このみかんを、6人で同じ数ずつ分けます。

❶ １人に何こずつ分けられて、何こあまりますか。

式

答え（　　　）

❷ あと何こあれば、１人に9こずつ分けられますか。

式

答え（　　　）

考え方
あまった数から何こふやすといいかを考えます。

できるナビ　あまりがわる数より小さくなっているかや、■÷●＝▲あまり★ ⇒ ●×▲＋★＝■ となるか、たしかめよう。

まとめのテスト①

教科書 上 118〜126ページ　答え 11ページ

時間 20分　とく点 /100点　おわったらシールをはろう

1 よく出る 次の計算をしましょう。　1つ5〔60点〕

❶ 47÷8　❷ 10÷6　❸ 88÷9

❹ 19÷2　❺ 41÷7　❻ 37÷4

❼ 79÷8　❽ 17÷9　❾ 23÷3

❿ 8÷5　⓫ 5÷7　⓬ 1÷8

2 38このいちごを、1人に4こずつ分けると、何人に分けられて、何こあまりますか。　1つ5〔10点〕

式

答え（　　　）

3 67本のえん筆を、9人で同じ数ずつ分けます。1人分は、何本になって、何本あまりますか。　1つ5〔10点〕

式

答え（　　　）

4 計算問題が58題あります。1日に7題ずつとくと、全部とき終わるまでに何日かかりますか。　1つ5〔10点〕

式

答え（　　　）

5 ジュースが5Lあります。7dL入るびんに分けると、ジュースが7dL入ったびんは何本できますか。　1つ5〔10点〕

式

答え（　　　）

□あまりのあるわり算が正しく計算できたかな？
□あまりの意味を考えて、答えをもとめることができたかな？

1 次の計算にはまちがいがあります。正しい答えを書きましょう。 1つ10〔20点〕

❶ 48÷7=5あまり13

( )

❷ 54÷6=8あまり6

( )

2 27このケーキを、5人で同じ数ずつ分けます。 1つ10〔40点〕

❶ 1人に何こずつ分けられて、何こあまりますか。

式

答え( )

❷ あと何こあれば、1人に6こずつ分けられますか。

式

答え( )

3 75cmのリボンを8cmずつに切っていくと、リボンは全部で何本できますか。 1つ10〔20点〕

式

答え( )

4 チューリップの花が54本あります。7本のたばと8本のたばを作るとすると、それぞれ何たばできますか。54÷7のわり算を使(つか)ってもとめましょう。 1つ10〔20点〕

7本( ) 8本( )

□わり算のあまりがわる数よりも小さくなることが理かいできたかな?
□あまりのあるわり算の答えのたしかめができたかな?

ふろくの「計算練習ノート」10~11ページをやろう!

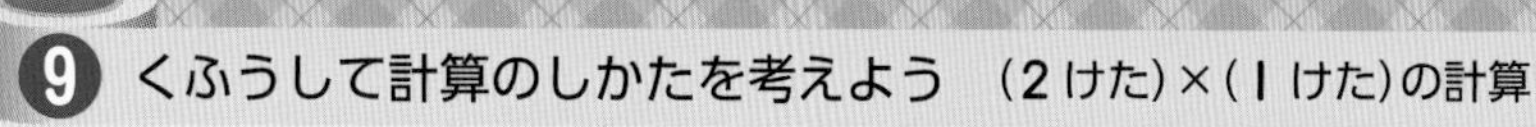

勉強した日　月　日

くふうして計算のしかたを考えよう

もくひょう
九九より大きいかけ算の答えを、くふうして計算しよう。

おわったらシールをはろう

きほんのワーク

教科書 (下) 2～4ページ　答え 11ページ

きほん1　かけ算のきまりを使って計算をすることができますか。

☆ 次の□にあてはまる数を書いて、14×6の答えをもとめましょう。

❶ 14×6
- 7×□＝□
- 7× 6 ＝□

合わせて □

❷ 14×6
- 9 ×6＝□
- □×6＝□

合わせて □

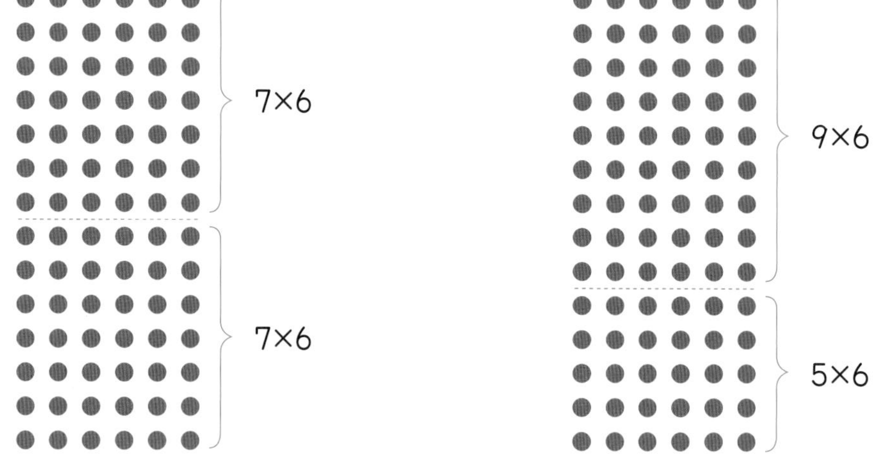

とき方　分配のきまりを使って、かけられる数を分けて考えます。

答え　上の式に記入

1 次の□にあてはまる数を書きましょう。　教科書 3ページ1

14×6
- □×6＝□
- 10 ×6＝□

合わせて □

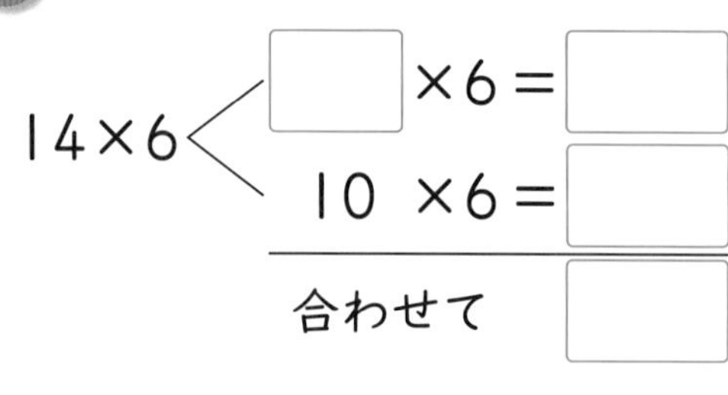
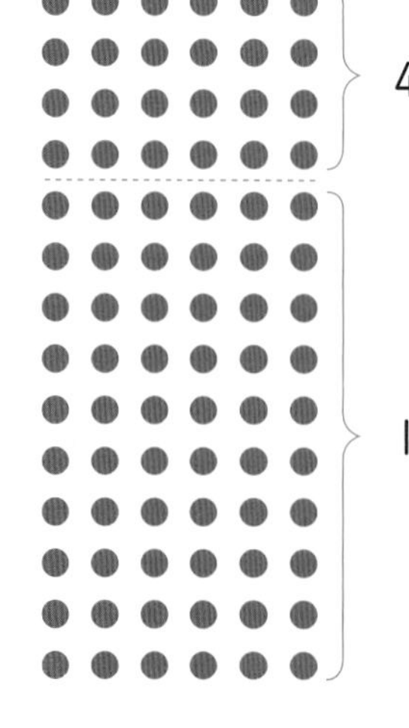

10のかけ算はできるから、14を十の位と一の位に分けて計算することもできるね。

ポイント　かけ算では、かけられる数を分けて計算しても、答えは同じになります。

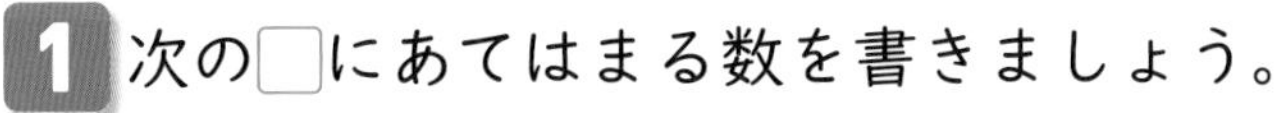

1 次の□にあてはまる数を書きましょう。 1つ20〔40点〕

❶

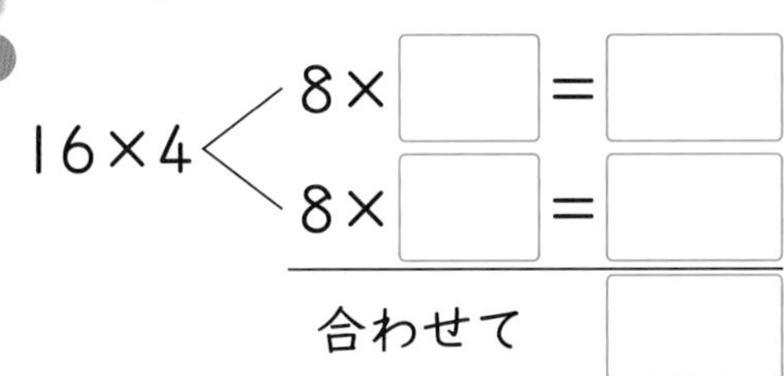

❷

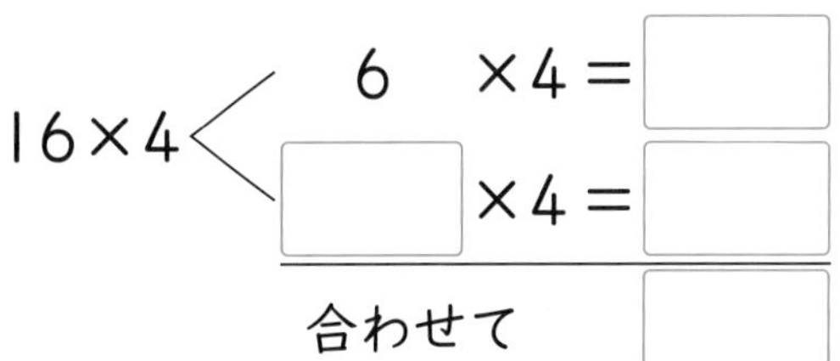

2 次の計算をして、□に答えを書きましょう。 1つ20〔60点〕

❶ 18×6＝□

❷ 13×4＝□

❸ 17×7＝□

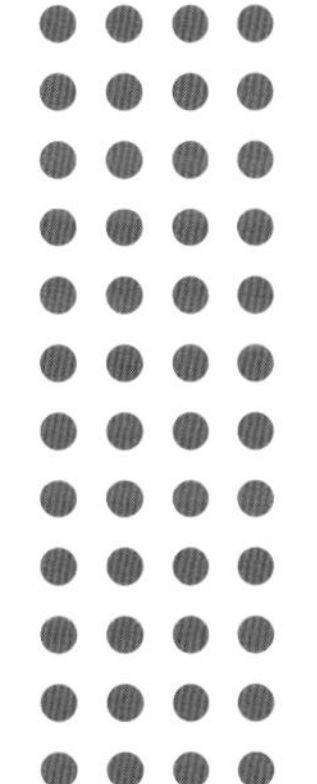

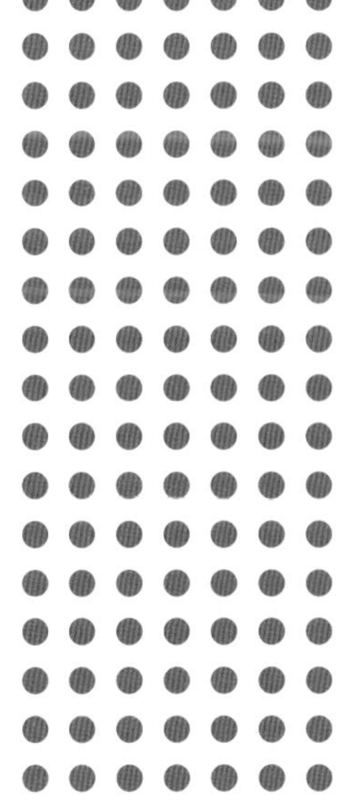

ふろくの「計算練習ノート」2ページをやろう！

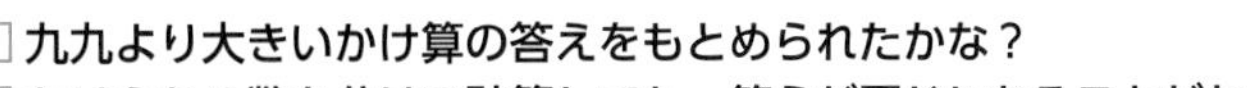

□九九より大きいかけ算の答えをもとめられたかな？
□かけられる数を分けて計算しても、答えが同じになることがわかったかな？

勉強した日　月　日

① 何十、何百のかけ算
② (2 けた)×(1 けた)の計算

きほんのワーク

もくひょう
かけられる数が 2 けたのかけ算の筆算のしかたを身につけよう。

おわったらシールをはろう

教科書 ㊦ 6～12ページ　答え 12ページ

きほん 1　何十、何百のかけ算のしかたがわかりますか。

☆消しゴムとあめの代金をそれぞれもとめましょう。
❶ 1 こ 30 円の消しゴム 2 こ分。 ❷ 1 ふくろ 400 円のあめ 5 ふくろ分。

とき方 ❶ 式は、□×2 です。30 は 10 が 3 こなので、

3×2=　6
30×2=60

30×2 は、10 が(3×□)こで□こより、30×2=□

❷ 式は、□×5 です。400 は 100 が 4 こなので、400×5 は、
100 が(□×□)こで□こより、400×5=□

答え ❶ □円　❷ □円

1 次の計算をしましょう。

教科書 6ページ1 7ページ1 2

❶ 60×8　❷ 90×7　❸ 700×4　❹ 800×6

きほん 2　くり上がりがない(2けた)×(1けた)の筆算ができますか。

☆えん筆が43本ずつ入った箱が2箱あります。えん筆は、全部で何本ありますか。

とき方 式は、□×□ です。筆算で計算するときは、たてに位をそろえて書いて、一の位から、かける数のだんの九九を使って計算します。

1つ分の数　いくつ分

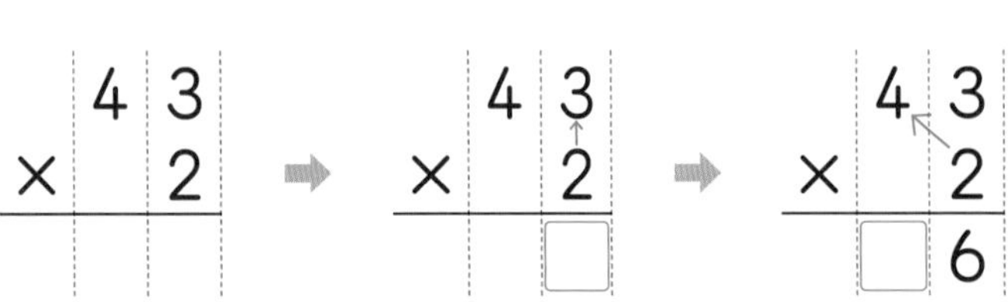

たてに位をそろえて書く。
「二三が 6」一の位は 6。
「二四が 8」十の位は 8。

43×2は、43を40と3に分けると…。
43×2 < 3×2= 6 / 40×2=80
合わせて、86になるね。

答え □本

さんすうはかせ
【九九の表①】けた数がふえてもかけ算のきほんは九九の表だけど、その九九の答えで、一の位の数が全部ちがっているだんはどのだんかな。
(答えは 58 ページ)

2 次の筆算をしましょう。 教科書 10ページ2 1▶2

❶ $\begin{array}{r} 23 \\ \times \quad 2 \\ \hline \end{array}$　❷ $\begin{array}{r} 13 \\ \times \quad 3 \\ \hline \end{array}$　❸ $\begin{array}{r} 32 \\ \times \quad 2 \\ \hline \end{array}$　❹ $\begin{array}{r} 11 \\ \times \quad 6 \\ \hline \end{array}$　❺ $\begin{array}{r} 21 \\ \times \quad 4 \\ \hline \end{array}$

きほん 3 くり上がりがある(2けた)×(1けた)の筆算ができますか。

☆49×7の計算を筆算でしましょう。

とき方 たてに位をそろえて書いて、一の位から、かける数のだんの九九を使って計算します。

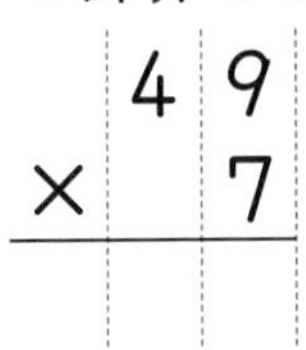

たてに位をそろえて書く。

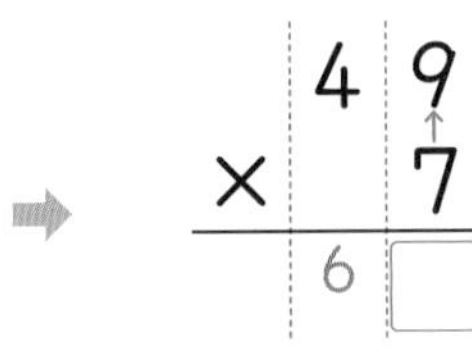

「七九 63」
一の位は 3。
十の位に 6
くり上げる。

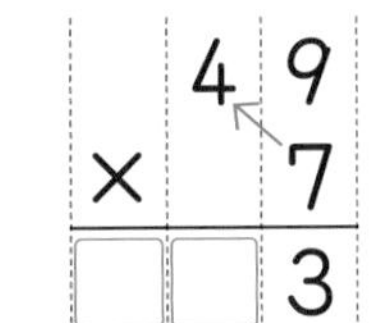

「七四 28」
28 とくり上げた
6 をたす。
28+6=34
十の位は 4。
百の位は 3。

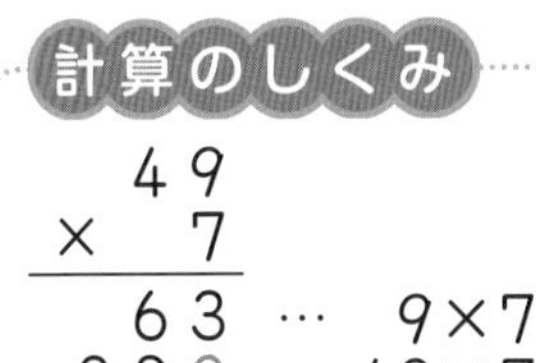
計算のしくみ
49
× 7
63 … 9×7
280 … 40×7
343

答え 

3 次の筆算をしましょう。 教科書 11ページ3 12ページ1▶

❶ 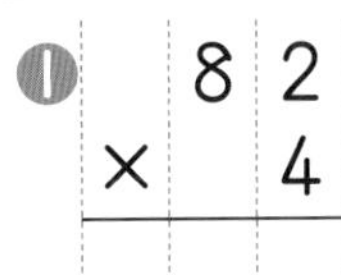
82
× 4

❷ 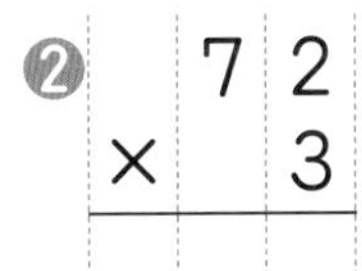
72
× 3

❸ $\begin{array}{r} 25 \\ \times \quad 3 \\ \hline \end{array}$　❹ $\begin{array}{r} 45 \\ \times \quad 2 \\ \hline \end{array}$　❺ $\begin{array}{r} 64 \\ \times \quad 5 \\ \hline \end{array}$

❻ $\begin{array}{r} 34 \\ \times \quad 3 \\ \hline \end{array}$　❼ $\begin{array}{r} 78 \\ \times \quad 8 \\ \hline \end{array}$　❽ $\begin{array}{r} 58 \\ \times \quad 7 \\ \hline \end{array}$

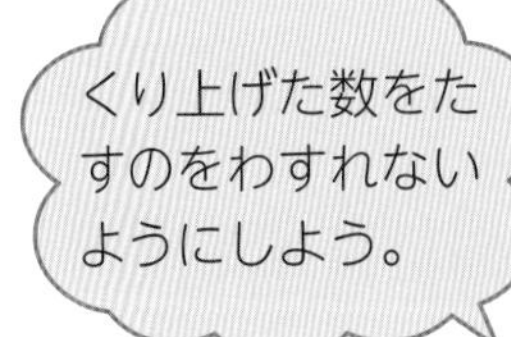
くり上げた数をたすのをわすれないようにしよう。

4 トラックで、荷物(にもつ)を 1 回に 94 こずつ運(はこ)びます。8 回運ぶと、全部で何こになりますか。 教科書 12ページ2▶

式

答え (　　　　)

ポイント 筆算は、たてに位をそろえて書いて、一の位、十の位のじゅんに、かける数のだんの九九を使って計算します。くり上がりに気をつけましょう。

③ (3けた)×(1けた)の計算
④ 暗算

もくひょう
かけられる数が3けたのかけ算の筆算もできるようにしよう。

おわったらシールをはろう

教科書 下 13～16ページ　答え 12ページ

きほん 1 くり上がりがない(3けた)×(1けた)の筆算ができますか。

☆1こ312円のおかしを2こ買います。代金(だいきん)は、全部(ぜんぶ)で何円ですか。

とき方 式(しき)は、[　　]×2です。筆算(ひっさん)で計算するときは、たてに位(くらい)をそろえて書いて、一の位から、かける数の九九を使(つか)って計算します。

312×2のように、かけられる数が3けたになっても、位ごとに分けて考えると、計算できます。
2×2=　4
10×2=　20
300×2=600
合わせて　624

	3	1	2
×			2
			[　]

「二二が4」一の位は4。

→

	3	1	2
×			2
		[　]	4

「二一が2」十の位は2。

→

	3	1	2
×			2
	[　]	2	4

「二三が6」百の位は6。

答え [　　] 円

1 次(つぎ)の筆算をしましょう。　教科書 14ページ 2 2

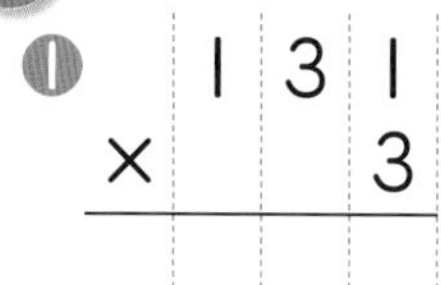

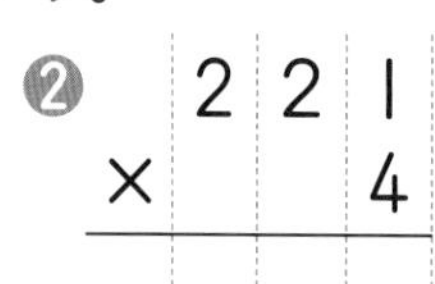

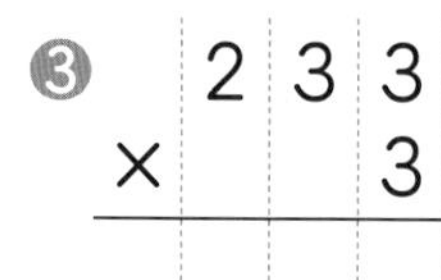

きほん 2 くり上がりがある(3けた)×(1けた)の筆算ができますか。

☆265×3の計算を筆算でしましょう。

とき方 一の位からじゅんに計算します。くり上げた数をたすことをわすれないようにします。

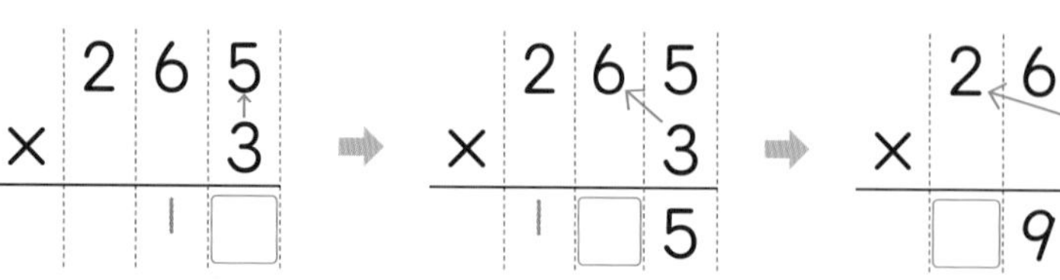

「三五 15」一の位は5。十の位に1くり上げる。

「三六 18」18+1=19 十の位は9。百の位に1くり上げる。

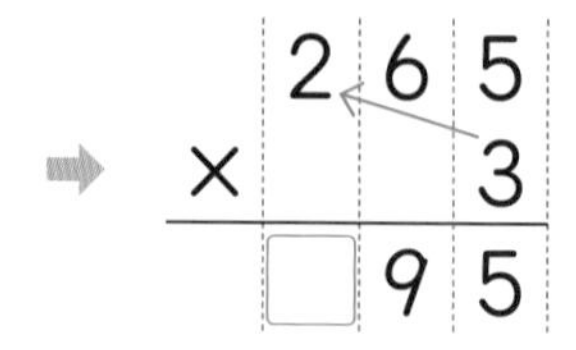

「三二が6」6+1=7 百の位は7。

計算のしくみ

265	
× 3	
15…	5×3
180…	60×3
600…	200×3
795	

答え [　　]

さんすうはかせ
【九九の表(ひょう)②】九九の答えの一の位は、1のだんは「1→9」、9のだんは「9→1」になるよ。3と7のだんは、ふえたりへったりしながら、1～9がでてくるね。

2 次の筆算をしましょう。 教科書 14ページ 1 2

❶
```
  2 1 5
×     4
```
❷
```
  3 7 9
×     2
```
❸
```
  2 8 1
×     5
```
❹
```
  3 3 5
×     4
```

きほん 3 かけられる数に0のあるかけ算の筆算ができますか。

☆503×7の計算を筆算でしましょう。

とき方 一の位からじゅんに計算します。0とくり上げた数をたすことをわすれないようにします。

```
  5 0 3          5 0 3
×     7   ➡   ×     7
    □ 1        □ □ 2 1
```

答え □

計算のしくみ
```
    5 0 3
×       7
      2 1 …   3×7
      0 0 …   0×7
  3 5 0 0 … 500×7
  3 5 2 1
```

3 次の筆算をしましょう。 教科書 15ページ 3

❶ 921×6　❷ 529×8　❸ 147×7　❹ 668×3

❺ 206×8　❻ 808×5　❼ 170×9　❽ 300×6

きほん 4 計算を暗算でできますか。

☆26×4の計算を暗算（あんざん）でしましょう。

とき方 26×4は、26を十の位の □ と一の位の6に分けて計算すると、暗算しやすくなります。

四二が8、□
四六 □

80＋24＝□

答え □

図にすると、次のようになるね。
1
26×4
2

4 次の計算を暗算でしましょう。 教科書 16ページ 1

❶ 32×4　❷ 52×3　❸ 63×5

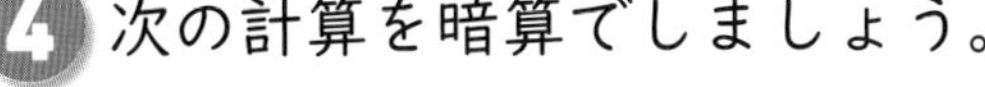

ポイント (3けた)×(1けた)の筆算のしかたは、(2けた)×(1けた)の筆算のしかたと同じです。けた数が大きくなっても、くり上がりに注意（ちゅうい）して計算します。

勉強した日　月　日

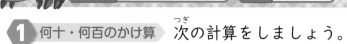

練習のワーク

教科書 ㊦6〜18ページ　答え 12ページ

できた数 /16問中

おわったらシールをはろう

1 何十・何百のかけ算 次(つぎ)の計算をしましょう。

❶ 70×4（10が7こ）　❷ 50×5　❸ 80×9

❹ 300×4（100が3こ）　❺ 200×8　❻ 900×4

2 筆算のしかた 次の筆算(ひっさん)のまちがいを見つけて、正しい答えを書きましょう。

❶
```
   7 3
×    6
4 2 1 8
```

❷
```
  4 0 2
×     3
  1 2 6
```

考え方
まずは答えの見当をつけてみます。
❶ 70×6＝420
❷ 400×3＝1200

3 かけ算の筆算 次の計算を筆算でしましょう。

❶ 36×3　❷ 92×4　❸ 45×8

❹ 103×5　❺ 590×7　❻ 385×6

4 (2けた)×(1けた)の計算 おり紙を28まいずつたばにしたものが9たばあります。おり紙は、全部(ぜんぶ)で何まいありますか。

式

答え（　　　　）

5 (3けた)×(1けた)の計算 1こ620円のべんとうを5こ買います。代金(だいきん)は、全部で何円ですか。

式

答え（　　　　）

620円

できるナビ　くり上がりがあるかけ算は、たしわすれのミスに注意(ちゅうい)して計算していくようにしよう。

まとめのテスト

教科書 ㊦ 6～18ページ　答え 12ページ

とく点 /100点

おわったら シールを はろう

1 よく出る 次の計算を筆算でしましょう。 1つ5〔70点〕

❶ 90×2　❷ 700×7　❸ 32×3

❹ 14×8　❺ 88×6　❻ 46×5

❼ 37×8　❽ 69×3　❾ 243×2

❿ 982×4　⓫ 309×9　⓬ 635×8

⓭ 420×6　⓮ 825×4

2 本を1日に16ページずつ読みます。9日間に読むのは何ページですか。

式 1つ5〔10点〕

答え（　　　　）

3 1しゅう217mの池のまわりを4しゅうします。全部で何m走りますか。 1つ5〔10点〕

式

答え（　　　　）

4 1本55円のえん筆（ぴつ）を5本と、1こ45円の消（け）しゴムを5こ買います。代金は、全部で何円ですか。 1つ5〔10点〕

式

答え（　　　　）

ふろくの「計算練習ノート」12～15ページをやろう！

□ かけ算の筆算のしかたがわかったかな？
□ (3けた)×(1けた)の筆算ができたかな？

勉強した日　月　日

① 千の位をこえる数
② 大きい数のしくみ ［その1］

もくひょう
「万」がつく位を理かいして、数のしくみを学んでいこう。

おわったらシールをはろう

きほんのワーク

教科書 ㊦ 20〜25ページ　答え 13ページ

きほん1 10000より大きい数のしくみがわかりますか。

☆一万を5こ、千を3こ、百を2こ、十を9こ、一を8こ合わせた数はいくつですか。

とき方　千の位の｜つ上の位を、一万の位といいます。それぞれの位の数は、一万や千、百、十、一などを｜つ分としてそのいくつ分を表しています。

一万が 5こ	千が □こ	百が □こ	十が 9こ	一が 8こ
一万の位	**千の位**	**百の位**	**十の位**	**一の位**
□	3	2	□	□

答え □

1 次の□にあてはまる数を書きましょう。 教科書 22ページ1

❶ 93814は、一万を□こと、千を□こと、百を□こと、十を□こと、一を□こ合わせた数です。

❷ 一万を5こと、27を合わせた数は□です。

❸ 一万を7こと、百を8こ合わせた数は□です。

❹ 一万を9こ集めた数は□です。

2 次の数字で表された数は漢字で、漢字で表された数は数字で書きましょう。 教科書 22ページ

❶ 79025
（　　　）

❷ 85900
（　　　）

❸ 三万二千五百四十
（　　　）

❹ 六万三百
（　　　）

さんすうはかせ　「万」がつく上の位は「億」がついて、その上の位は「兆」がつくよ。国の予算などで○兆円という金がくを耳にするよね。

きほん 2 一万の位をこえる数のしくみがわかりますか。

☆ 次の□にあてはまる数やことばを書きましょう。

27638020 は、千万を□こと、百万を□こと、十万を□こと、一万を□こと、千を□こと、十を□こ合わせた数です。

また、読み方を漢字で書くと、□になります。

とき方 一万より大きい数のしくみは、次のようになっています。一万の位から1つ位が上がるごとに、**十万の位**、**百万の位**、**千万の位**といいます。

	千万の位	百万の位	十万の位	一万の位	千の位	百の位	十の位	一の位
千が 10 こで一万→				1	0	0	0	0
一万が 10 こで十万→			1	0	0	0	0	0
十万が 10 こで百万→		1	0	0	0	0	0	0
百万が 10 こで千万→	1	0	0	0	0	0	0	0
	2	7	6	3	8	0	2	0

答え 問題文中に記入

3 次の□にあてはまる数を書きましょう。 教科書 23ページ2

❶ 6285000 は、百万を□こと、十万を□こと、一万を□こと、千を□こ合わせた数です。

❷ 28040300 は、千万を□こと、百万を□こと、一万を□こと、百を□こ合わせた数です。

4 次の数字で表された数は漢字で、漢字で表された数は数字で書きましょう。 教科書 24ページ1▶2▶

❶ 2610930
(　　　　)

❷ 50830706
(　　　　)

❸ 四百三万六千八十三
(　　　　)

❹ 八千三百九万七千
(　　　　)

5 37840000 について、次の□にあてはまる数を書きましょう。 教科書 25ページ

❶ □万と書くときもあります。

❷ 10000 を□こ集めた数です。

❸ 1000 を□こ集めた数です。

ポイント 千の位の1つ上の位が「一万の位」です。大きい数では0の書きわすれなど、位取りに注意しましょう。

勉強した日　月　日

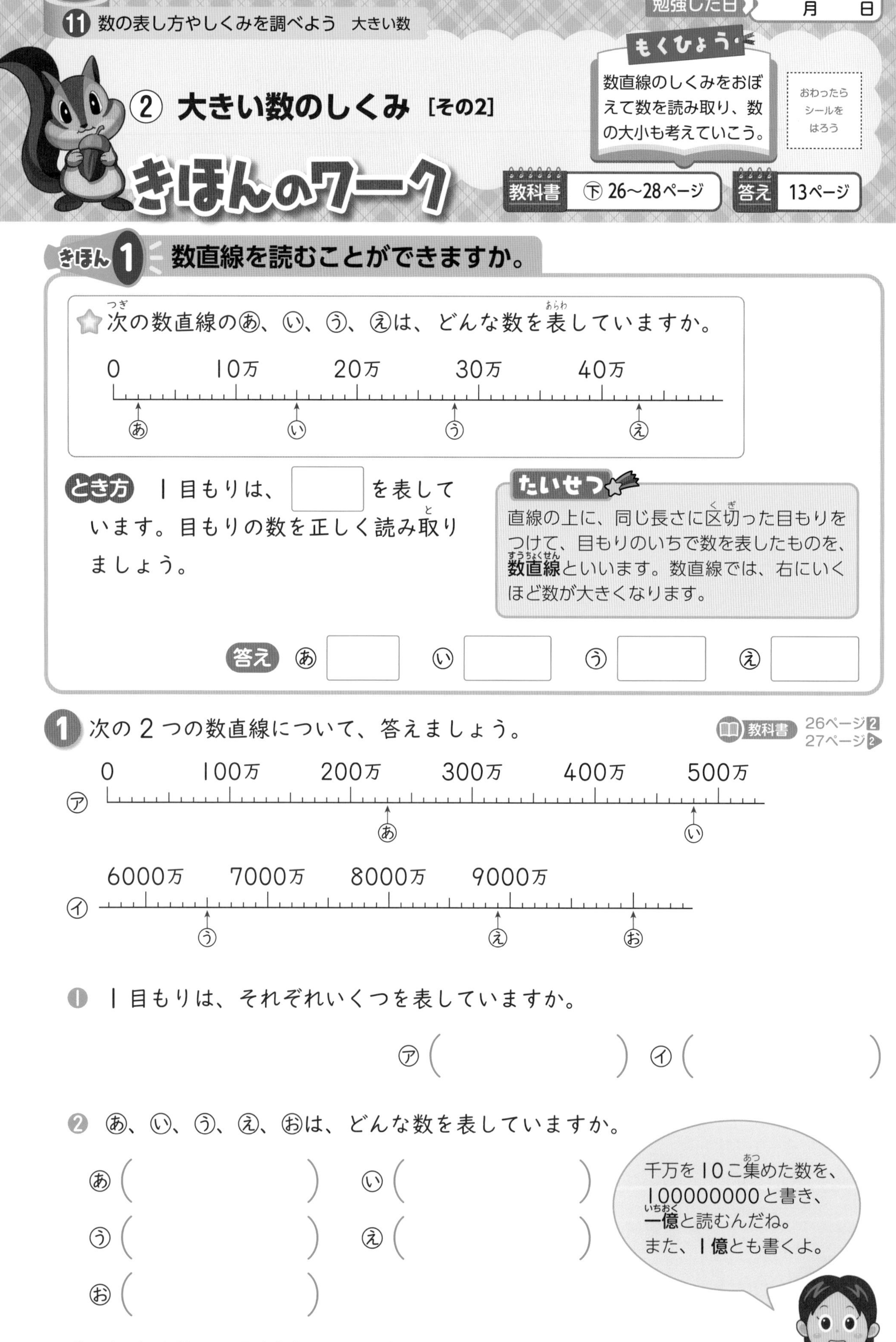

② 大きい数のしくみ ［その2］

きほんのワーク

もくひょう
数直線のしくみをおぼえて数を読み取り、数の大小も考えていこう。

おわったらシールをはろう

教科書 ㊦ 26〜28ページ　答え 13ページ

きほん 1 数直線を読むことができますか。

☆ 次の数直線のあ、い、う、えは、どんな数を表していますか。

とき方　1目もりは、□を表しています。目もりの数を正しく読み取りましょう。

たいせつ
直線の上に、同じ長さに区切った目もりをつけて、目もりのいちで数を表したものを、**数直線**といいます。数直線では、右にいくほど数が大きくなります。

答え　あ □　い □　う □　え □

1 次の2つの数直線について、答えましょう。

教科書 26ページ2 27ページ2

❶ 1目もりは、それぞれいくつを表していますか。

ア（　　　）　イ（　　　）

❷ あ、い、う、え、おは、どんな数を表していますか。

あ（　　　）　い（　　　）
う（　　　）　え（　　　）
お（　　　）

❸ 数直線イに、7400万を↑でかきましょう。

さんすうはかせ　不等号（>、<）を使って表すとき、「●<■」は、「●小なり■」、「■>●」は、「■大なり●」と読むよ。

2 次の□にあてはまる数を書きましょう。　教科書 27ページ3

❶ 18000 ― 19000 ― □ ― 21000 ― □

❷ 99990 ― □ ― 100010 ― 100020 ― □

❸ 29800 ― □ ― 29900 ― □ ― 30000

❹ 390万 ― 395万 ― □ ― 405万 ― □

きほん2 数の大小のくらべ方がわかりますか。

☆次の数を、上から大きいじゅんに右の表に書きましょう。

3200300
29001000
3199999

千	百	十	一 万	千	百	十	一

とき方 数の大小をくらべるときは、まず、けた数を調べ、あとは上の位からくらべます。

答え 上の表に記入

3 次の数を、小さいじゅんに書きましょう。　教科書 28ページ3

（300000、99000、299900、1000000）

（　　　　　　　　　　　　　　　　　　　　）

きほん3 不等号を使って、2つの数の大小を表せますか。

☆次の2つの数の大小をくらべ、□にあてはまる>、<を書きましょう。

36200 □ 35900

ちゅうい
>、<は、**不等号**といいます。不等号は、右がわと左がわの数や式の大小を表すしるしです。
㊅>㊉
㊉<㊅

とき方 一万の位の数字が同じなので、千の位の数字でくらべます。

答え 問題文中に記入

4 次の2つの数の大小をくらべ、□にあてはまる>、<を書きましょう。　教科書 28ページ1 2

❶ 34100 □ 34099　　❷ 67800 □ 68200

❸ 423000 □ 417000　　❹ 586000 □ 580600

ポイント 数の大きさをくらべるときは、まずけた数をくらべます。けた数が同じときは、上の位の数字からじゅんにくらべていきます。

勉強した日　月　日

③ 10倍、100倍、1000倍の数と10でわった数
④ 大きい数のたし算とひき算

もくひょう
10倍、100倍したり、10でわったりした数のかんけいを学ぼう。

おわったらシールをはろう

きほんのワーク

教科書 下 29～33ページ　答え 13ページ

きほん1 10倍、100倍、1000倍した数はどんな数になりますか。

☆35を10倍、100倍、1000倍した数をもとめましょう。

とき方 35×10は、35を30と5に分けて考えます。100倍は10倍の10倍、1000倍は100倍の10倍と考えます。

35 ＜ 30の10倍で □ ／ 5の10倍で □

合わせて □

たいせつ
どんな数でも10倍すると、どの数字も位が1つ上がって、右に0を1つつけた数になります。また、100(1000)倍すると、どの数字も位が2つ(3つ)上がって、右に0を2つ(3つ)つけた数になります。

一万	千	百	十	一
			3	5
		3	5	0
	3	5	0	0
3	5	0	0	0

10倍　100倍　1000倍

35×100は、350を10倍して □、35×1000は、3500を10倍して □ です。

答え 10倍 □　100倍 □　1000倍 □

1 次の数を10倍、100倍、1000倍した数をもとめましょう。

教科書 30ページ 4 5

❶ 58

10倍（　　）　100倍（　　）　1000倍（　　）

❷ 602

10倍（　　）　100倍（　　）　1000倍（　　）

きほん2 一の位に0のある数を10でわった数は、どんな数になりますか。

☆240を10でわった数をもとめましょう。

とき方 一の位に0のある数を10でわると、一の位の0をとった数になるので、□ になります。

答え □

たいせつ
一の位に0のある数を10でわると、どの数字も位が1つ下がって、右はしの0を1つとった数になります。

百	十	一
2	4	0
	2	4

10でわる

10でわることは、10に等しく分けることだから、$\frac{1}{10}$にすることと同じなんだ。$\frac{1}{10}$（分数）は、このあと学習するよ。

2 次の数を 10 でわった数をもとめましょう。 教科書 31ページ1

❶ 500 （　　　）　❷ 3000 （　　　）

❸ 4820 （　　　）　❹ 8900 （　　　）

3 次の□にあてはまる数を書きましょう。 教科書 31ページ2

83 を 10 倍した数は、□です。

また、830 を 10 でわった数は、□です。

10倍した数を10でわると、もとの数にもどるんだね。

きほん 3 大きい数のたし算とひき算ができますか。

☆次の計算をしましょう。
❶ 70 万＋80 万　❷ 52000－18000

とき方 ❶ 1 万を 1 つ分と考えると、1 万が（70＋80）こで、□こです。

❷ 1000 を 1 つ分と考えると、1000 が（52－18）こで、□こです。

答え ❶ □　❷ □

4 次の計算をしましょう。 教科書 32ページ2

❶ 327 万＋73 万　❷ 700 万－208 万

❸ 5000 万＋2000 万　❹ 9000 万－3000 万

❺ 630000＋140000　❻ 850000－210000

❼ 87000＋94000　❽ 96000－77000

ポイント 10 倍や 100 倍、1000 倍するときは、もとの数の右はしに 0 をつけ、一の位に 0 のある数を 10 でわるときは右はしの 0 をとるというしくみをおぼえよう。

勉強した日　月　日

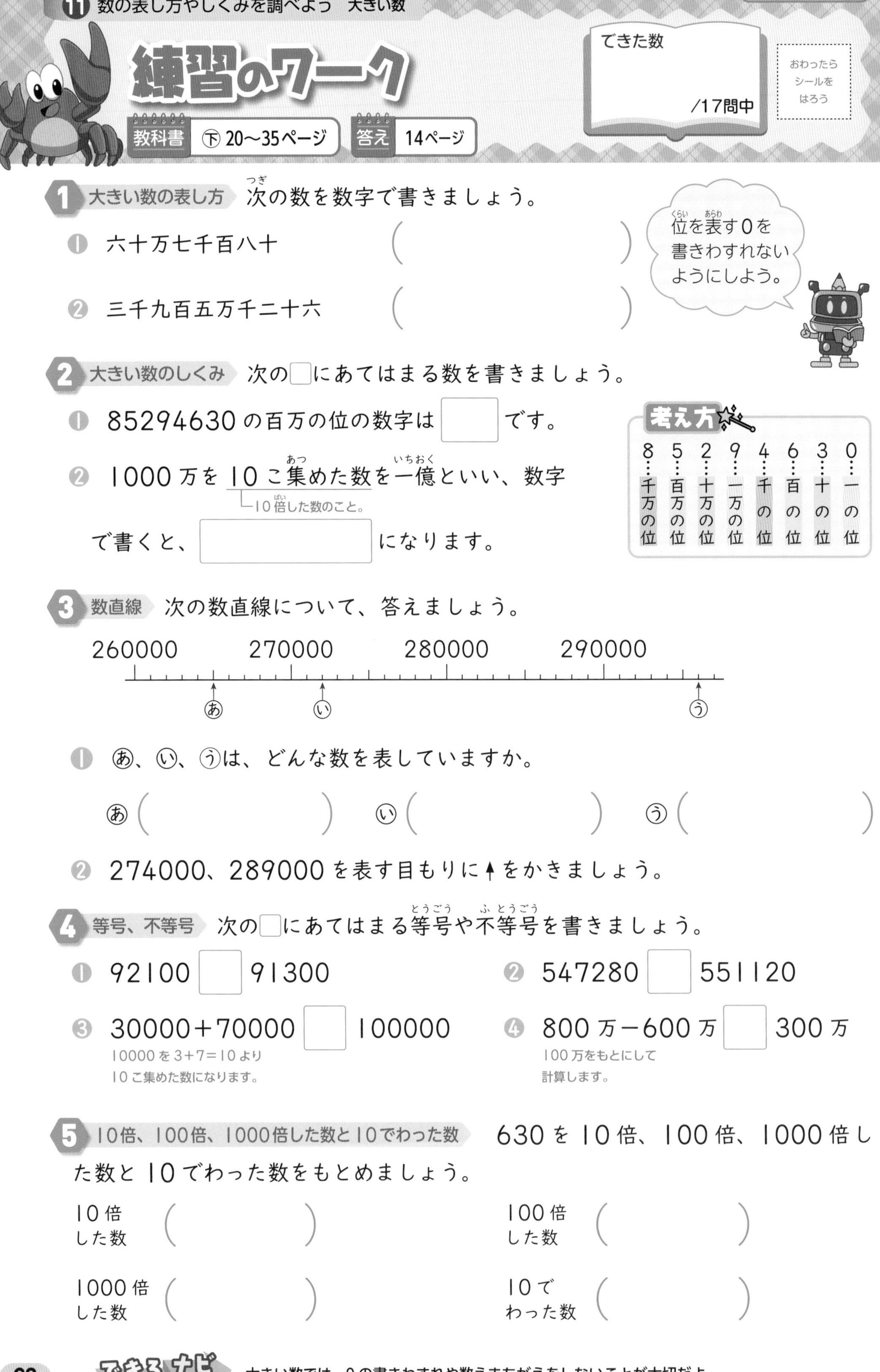

練習のワーク

教科書 ㊦20〜35ページ　答え 14ページ

できた数　/17問中

おわったらシールをはろう

1 大きい数の表し方 次の数を数字で書きましょう。

❶ 六十万七千百八十　（　　　）

❷ 三千九百五万千二十六　（　　　）

2 大きい数のしくみ 次の□にあてはまる数を書きましょう。

❶ 85294630 の百万の位の数字は□です。

❷ 1000万を10こ集めた数を一億といい、数字で書くと、□になります。

└10倍した数のこと。

考え方

8	5	2	9	4	6	3	0
千万の位	百万の位	十万の位	一万の位	千の位	百の位	十の位	一の位

3 数直線 次の数直線について、答えましょう。

❶ あ、い、うは、どんな数を表していますか。

あ（　　　）　い（　　　）　う（　　　）

❷ 274000、289000を表す目もりに↑をかきましょう。

4 等号、不等号 次の□にあてはまる等号や不等号を書きましょう。

❶ 92100 □ 91300

❷ 547280 □ 551120

❸ 30000＋70000 □ 100000
10000を3＋7＝10より10こ集めた数になります。

❹ 800万−600万 □ 300万
100万をもとにして計算します。

5 10倍、100倍、1000倍した数と10でわった数 630を10倍、100倍、1000倍した数と10でわった数をもとめましょう。

10倍した数（　　　）　100倍した数（　　　）

1000倍した数（　　　）　10でわった数（　　　）

できるナビ　大きい数では、0の書きわすれや数えまちがえをしないことが大切だよ。

1 よく出る 次の数を数字で書きましょう。 1つ6〔12点〕

❶ 1万を79こ集めた数。 （　　　）

❷ 10万を20こと、100を60こ合わせた数。 （　　　）

2 次の□にあてはまる数を書きましょう。 1つ6〔30点〕

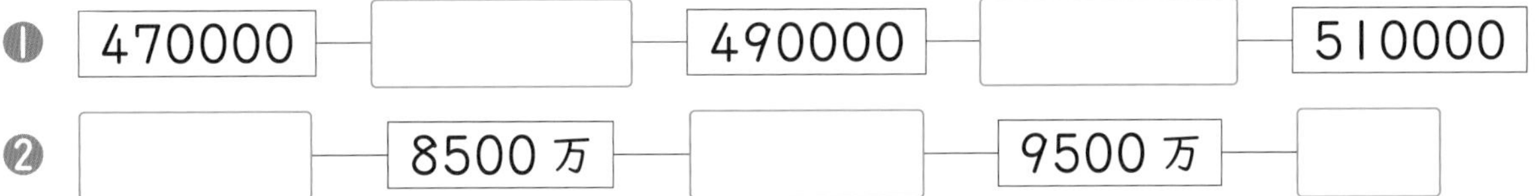

❶ 470000 ― □ ― 490000 ― □ ― 510000

❷ □ ― 8500万 ― □ ― 9500万 ― □

3 970000はどんな数ですか。□にあてはまる数を書きましょう。 1つ6〔24点〕

❶ 900000と□を合わせた数。

❷ 1000000より□小さい数。

❸ 10000を□こ集めた数。

❹ 1000を□こ集めた数。

4 7200まいの紙を、同じ数ずつまとめて10のたばに分けました。1たばのまい数は、何まいになりますか。

式 1つ5〔10点〕

答え（　　　）

5 次の計算をしましょう。 1つ6〔24点〕

❶ 67万＋38万

❷ 89万－65万

❸ 720000－270000

❹ 450000＋550000

ふろくの「計算練習ノート」16ページをやろう！

チェック
□数の表し方や大きい数のしくみがわかったかな？
□10倍した数、10でわった数などがわかったかな？

勉強した日　月　日

① はしたの表し方
② 小数のしくみ

きほんのワーク

もくひょう
|より小さいはしたの大きさを、数で表せるようになろう。

おわったらシールをはろう

教科書 下 38～45ページ　答え 14ページ

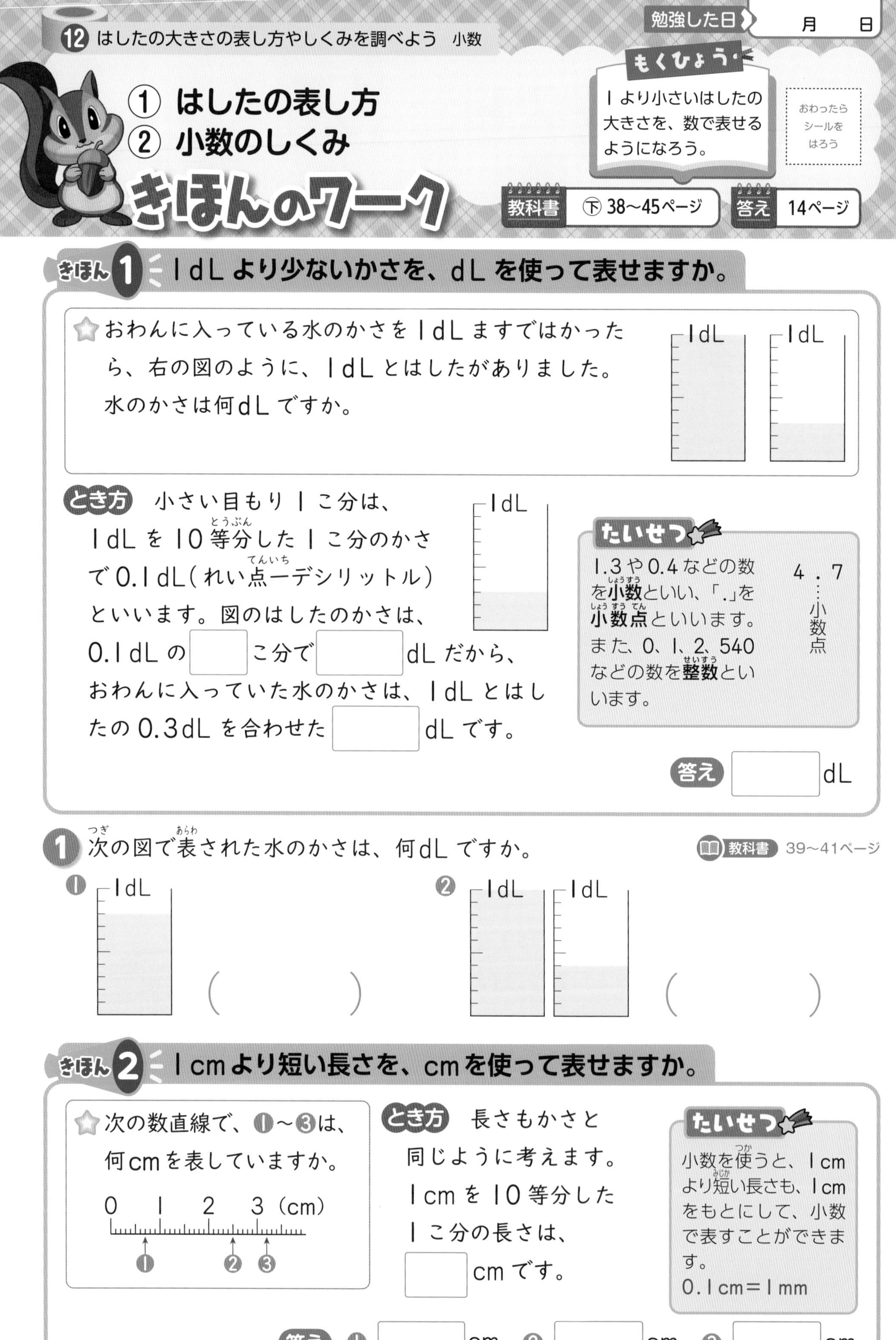

きほん1 |dLより少ないかさを、dLを使って表せますか。

☆おわんに入っている水のかさを|dLますではかったら、右の図のように、|dLとはしたがありました。水のかさは何dLですか。

とき方　小さい目もり|こ分は、|dLを10等分した|こ分のかさで0.|dL（れい点一デシリットル）といいます。図のはしたのかさは、0.|dLの［　］こ分で［　］dLだから、おわんに入っていた水のかさは、|dLとはしたの0.3dLを合わせた［　］dLです。

たいせつ
|.3や0.4などの数を小数といい、「.」を小数点といいます。
また、0、|、2、540などの数を整数といいます。

4 . 7
小数点

答え［　］dL

1 次の図で表された水のかさは、何dLですか。　教科書 39～41ページ

❶ （　　）

❷ （　　）

きほん2 |cmより短い長さを、cmを使って表せますか。

☆次の数直線で、❶～❸は、何cmを表していますか。

0　|　2　3（cm）

❶　❷　❸

とき方　長さもかさと同じように考えます。|cmを10等分した|こ分の長さは、［　］cmです。

たいせつ
小数を使うと、|cmより短い長さも、|cmをもとにして、小数で表すことができます。
0.|cm＝|mm

答え ❶［　］cm　❷［　］cm　❸［　］cm

さんすうはかせ
小数は、1を10等分した0.1をもとにして、そのいくつ分かを考えるよ。さらに、0.1を10等分した0.01、0.01を10等分した0.001は、4年生で習うよ。

2 次の数直線で、❶～❹は、何mを表していますか。 教科書 42ページ2

0　1　2(m)
❶ ❷ ❸ ❹

1mを10等分しているから、小さい1目もり1こ分は0.1mだね。

❶(　　) ❷(　　) ❸(　　) ❹(　　)

きほん3 小数のしくみがわかりますか。

☆右の数直線について、↑の表している小数を答えましょう。

0　1　2　3
あ　い　う

とき方 問題(もんだい)の数直線の小さい目もり1こ分は0.1だから、0.1の何こ分かを考えます。あは0.1が6こ分で□、いは0.1が18こ分で□、うは0.1が□こ分で3.2です。

答え あ□ い□ う□

たいせつ
小数点の右の位(くらい)を**小数第一位**(しょうすうだいいちい)といい、小数も、整数のように、位ごとに分けて表すことができます。

一の位	小数第一位
3.	2

3 次の□にあてはまる数を書きましょう。 教科書 43ページ1 2

10.7は、10を□こと、1を□こと、0.1を□こ合わせた数です。

また、10.7の小数第一位の数は□です。

4 次の数直線で、↑の表している小数を答えましょう。 教科書 45ページ1

0　1　2　3
あ　い　う　え

数直線では、右へいくほど数が大きくなるね。

あ(　　) い(　　) う(　　) え(　　)

5 次の□にあてはまる不等号(ふとうごう)を書きましょう。 教科書 45ページ2

❶ 2.9□3.1　❷ 5.1□5　❸ 0.1□0

6 次の□にあてはまる数を書きましょう。 教科書 45ページ3

❶ 0.9 ― □ ― □ ― 1.2 ― □ ― 1.4

❷ 7.1 ― 7 ― □ ― 6.8 ― □ ― □

ポイント 小数も、整数のときと同じように、同じ位どうしで大小をくらべたり、数直線で考えたりすることができます。数直線では、右へいくほど数が大きくなっています。

③ 小数のたし算とひき算

もくひょう
小数のたし算とひき算の考え方を知り、筆算ができるようにしよう。

おわったらシールをはろう

教科書 ㊦ 46～48ページ　答え 15ページ

きほん 1 小数のたし算のしかたがわかりますか。

☆ ジュースが大きいびんに0.6 L、小さいびんに0.3 L入っています。合わせて何Lありますか。

とき方 式(しき)は 0.6＋0.3 です。
0.1 の何こ分かで考えます。
0.6 は 0.1 の □ こ分
0.3 は 0.1 の □ こ分
だから、合わせて 0.1 の □ こ分です。

0.1 Lをもとにして、6＋3＝9から、9こ分と考えればいいんだね。

答え □ L

1 次(つぎ)の計算をしましょう。

❶ 0.7＋0.2　❷ 0.6＋0.6　❸ 0.7＋0.9　❹ 0.3＋0.7

きほん 2 小数のたし算を筆算でできますか。

☆ 次の計算を筆算(ひっさん)でしましょう。　❶ 2.7＋1.2　❷ 5.4＋2.6

とき方 小数も、位(くらい)をそろえて書くと、整数(せいすう)と同じように筆算で計算ができます。

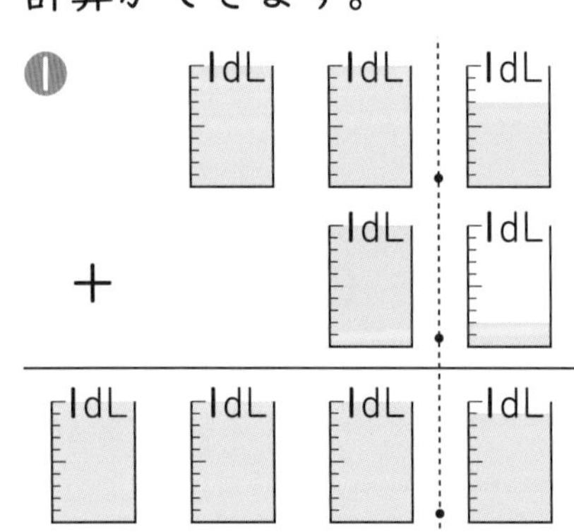

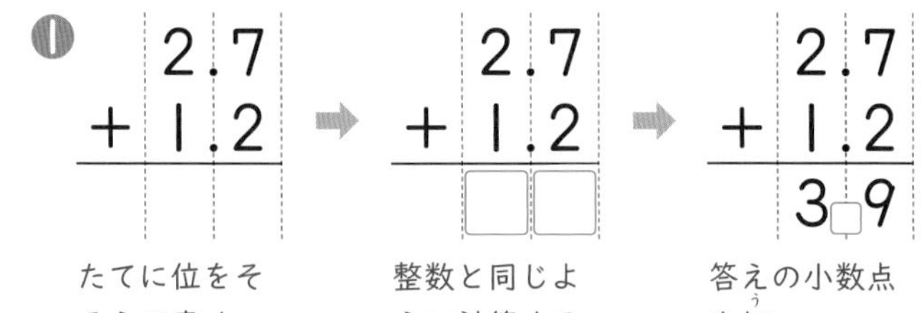

❶
2.7
+ 1.2
→
2.7
+ 1.2
→
2.7
+ 1.2
3.9
たてに位をそろえて書く。
整数と同じように計算する。
答えの小数点を打(う)つ。
❷
5.4
+ 2.6
→
5.4
+ 2.6
→
5.4
+ 2.6
8.0
0と小数点を消(け)す。

答え ❶ □　❷ □

さんすうはかせ　分数は、1をいくつかに等分(とうぶん)したものをもとにして、それのいくつ分かで考えるよ。だから、1mを10等分した$\frac{1}{10}$mは、0.1mと等しくなるね。

2 次の計算を筆算でしましょう。 教科書 47ページ 1 2

❶ 0.3＋4.5

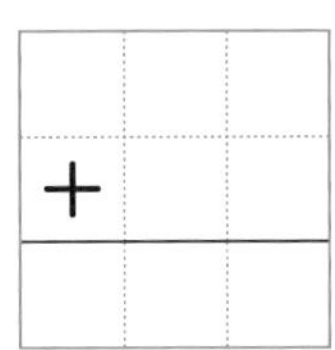

❷ 1.5＋3.2

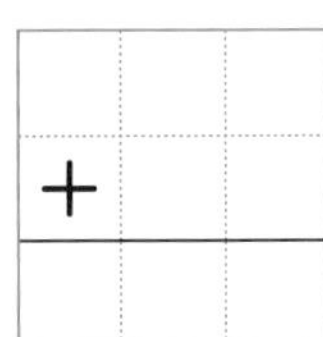

❸ 2.6＋3.9

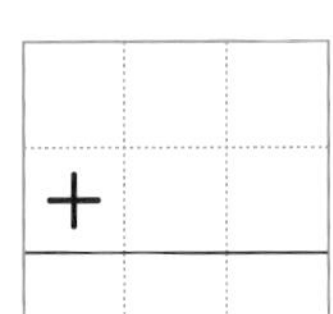

❹ 1.4＋5.7　❺ 6.8＋2.5　❻ 4＋3.5

❼ 1.9＋2.2　❽ 2.3＋4.7　❾ 3.8＋0.2

きほん 3 小数のひき算を筆算でできますか。

☆次の計算を筆算でしましょう。 ❶ 4.5－1.7　❷ 6－2.4

とき方 小数のひき算も、たし算と同じように、位をそろえて書き、右の位から計算します。

❶

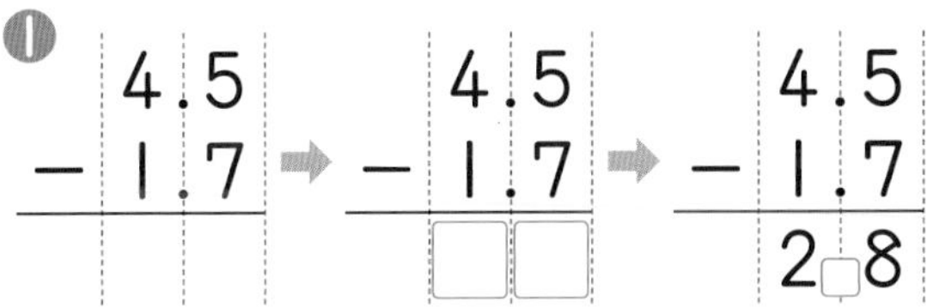

たてに位をそろえて書く。　整数と同じように計算する。　答えの小数点を打つ。

❷

6を6.0と考えて、整数と同じように計算する。　答えの小数点を打つ。

答え ❶ 　❷

3 次の計算を筆算でしましょう。 教科書 48ページ 2

❶ 0.7－0.2

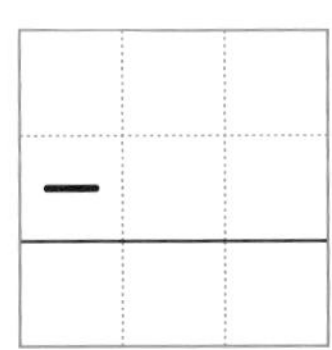

❷ 1.8－0.5

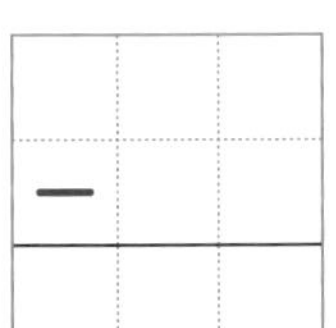

❸ 9.2－0.6

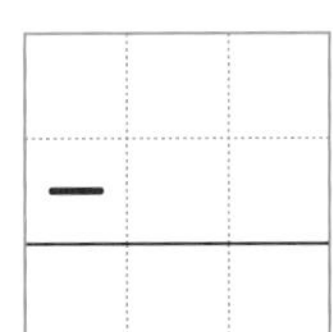

❹ 2.9－1.4　❺ 7.2－3.7　❻ 4－2.8

❼ 7.6－5　❽ 8.3－4.3

筆算はたてに位をそろえて書くのが大切だよ。

ポイント 小数の筆算では、それぞれの位をそろえて計算します。くり上がりやくり下がりのしくみは、整数のときと同じです。

練習のワーク

教科書　㊦ 38～50ページ　答え　15ページ

勉強した日　月　日

1 はしたの大きさの表し方　次の□にあてはまる数を書きましょう。

❶ 0.1 L の 10 こ分のかさは □ L です。

❷ 1.4dL は、0.1dL の □ こ分のかさです。

❸ 0.1cm の 58 こ分の長さは □ cm です。

❹ 1dL の 3 こ分と、0.1dL の 8 こ分を合わせたかさは □ dL です。

考え方
1Lを10等分した1こ分のかさが0.1Lです。
0.1L＝1dL

2 数直線　次の数直線で、↑の表している小数を答えましょう。

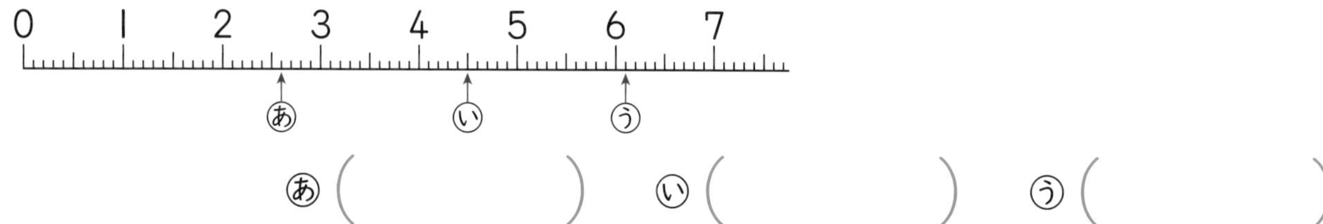

あ（　　　）　い（　　　）　う（　　　）

3 数の大小　次の□にあてはまる不等号を書きましょう。

❶ 0.7 □ 0.3　　❷ 0.1 □ 1

❸ 1 □ 1.1　　❹ 1.8 □ 0.9

❺ 5.5 □ 6.1　　❻ 0.8 □ 3

不等号（>、<）
左がわと右がわの数の大小を表すしるし
㊅>㊫　㊫<㊅

4 小数のたし算とひき算　次の計算を筆算でしましょう。

❶ 4.6＋1.8　　❷ 2.5＋6

❸ 6.3＋0.7　　❹ 1.5－0.9

❺ 9.6－4.6　　❻ 8－0.8

答えの小数第一位が0になったときは、0と小数点を消すんだね。

できるナビ　小数は、0.1 のいくつ分かで表すことができるので、いろいろな見方ができるようになろう。

教科書 ㊦ 38～50ページ　答え 15ページ

時間 20分　とく点 /100点　おわったら シールを はろう

1 次の□にあてはまる数を書きましょう。　1つ5〔25点〕

❶ 5.2 は、5 と □ を合わせた数です。

❷ 4 より 0.2 小さい数は、□ です。

❸ 1L の 7 こ分と、0.1L の4 こ分を合わせて □ L です。

❹ 0.1 が □ こ分で、3 です。

❺ 0.8 は、0.1 が □ こ分の数です。

2 よく出る 次の計算をしましょう。　1つ5〔45点〕

❶ 0.3＋2.6　❷ 4.7＋3.5　❸ 5.2＋1.9

❹ 6.2＋3.8　❺ 4.1＋0.9　❻ 7.6－0.4

❼ 6.2－4.9　❽ 9－2.8　❾ 9.5－5.5

3 3.3cm のテープと 4.9cm のテープがあります。テープの長さは、合わせて何cm ありますか。　1つ5〔10点〕

式

答え（　　　）

4 水が 3.4L 入るやかんと、1.8L 入る水とうでは、どちらがどれだけ多く入りますか。　1つ5〔10点〕

式

答え（　　　）

5 かずおさんの家から駅（えき）まで 1.6km あります。家から 0.9km 歩きました。駅まで、あと何km のこっていますか。　1つ5〔10点〕

式

答え（　　　）

ふろくの「計算練習ノート」17～19ページをやろう！

□ 小数のしくみがわかったかな？
□ 小数のたし算やひき算ができたかな？

勉強した日　　月　　日

もくひょう
三角形の名前やせいしつをおぼえ、三角形をかけるようになろう。

おわったらシールをはろう

① 二等辺三角形と正三角形
② 三角形のかき方

きほんのワーク

教科書 ㊦52〜61ページ　答え 16ページ

きほん1 二等辺三角形や正三角形がわかりますか。

☆ 右の三角形の中で、二等辺三角形はどれですか。また、正三角形はどれですか。

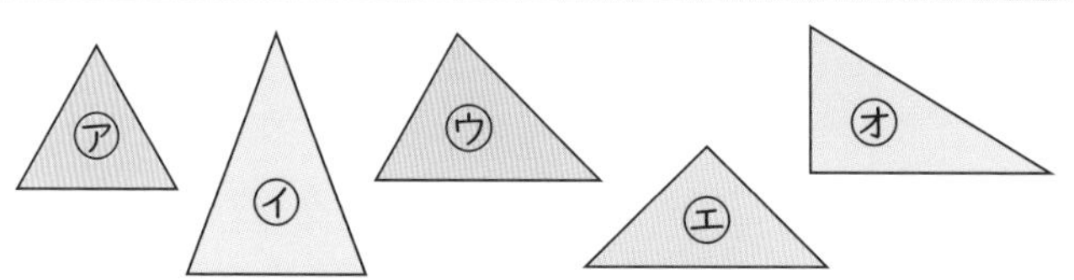

とき方 三角形の辺の長さをコンパスで調べます。

2つの辺の長さが等しい…□、□

3つの辺の長さが等しい…□

辺の長さがみんなちがう…□、□

答え 二等辺三角形 □ と □

正三角形 □

たいせつ
2つの辺の長さが等しい三角形を、**二等辺三角形**といい、
3つの辺の長さが等しい三角形を、**正三角形**といいます。

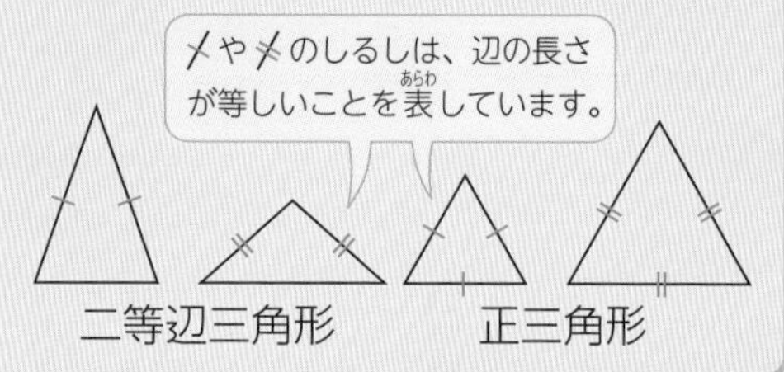

1 次の三角形の中で、二等辺三角形はどれですか。また、正三角形はどれですか。

教科書 57ページ1 2

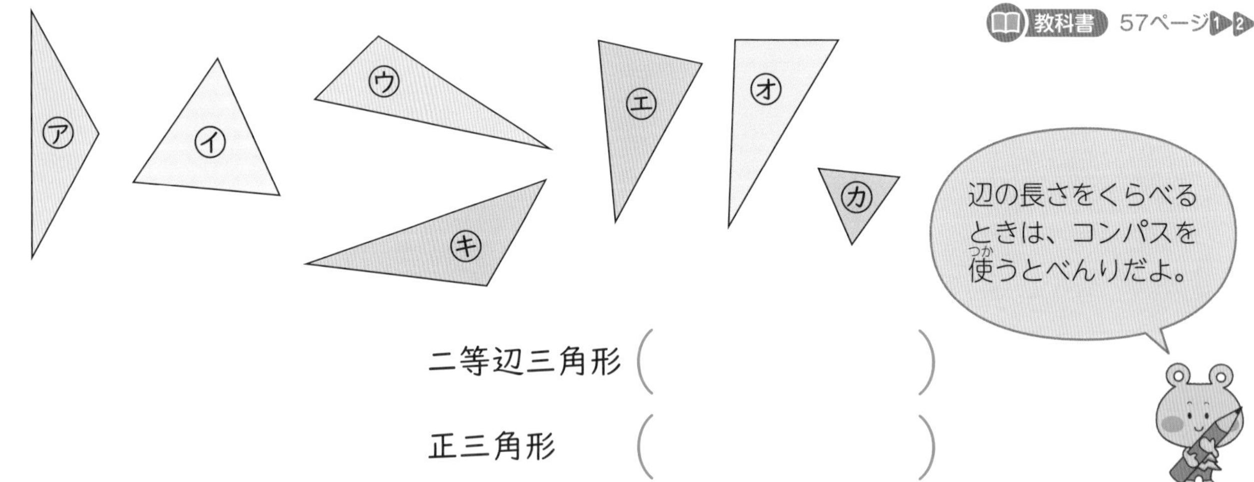

二等辺三角形（　　　　　）

正三角形（　　　　　）

2 次の三角形は、何という三角形ですか。

教科書 57ページ1 2

❶ 6cm のストロー2本、3cm のストロー1本でできる三角形。（　　　　　）

❷ 6cm のストロー3本でできる三角形。（　　　　　）

さんすうはかせ 【三角形の中心はどこ？】あつさの同じ三角形の紙板があって、この紙板でくるくる回るコマを作ろうとすると、どこを「じく」にすればよいかわかるかな。　(答えは 78 ページ)

きほん2 二等辺三角形や正三角形のかき方がわかりますか。

☆3つの辺の長さが2cm、4cm、4cmの二等辺三角形をかきましょう。

とき方 じょうぎとコンパスを使って、次のじゅんじょでかきます。

1 2cmの辺をかく。

2 コンパスを4cmに開(ひら)き、2cmの辺のかたほうの点を中心にして、円の一部(いちぶ)をかく。

3 同じようにして、2cmの辺のもう1つの点を中心にして、円の一部をかく。

4 2と3の2つの円の一部が交わった点と2cmの辺の両(りょう)はしの点をそれぞれ直線でむすぶ。

答え

3 次の三角形をかきましょう。

教科書 58ページ1 1 59ページ2 1

❶ 3つの辺の長さが、4cm、3cm、3cmの二等辺三角形。

❷ 1つの辺の長さが、3cmの正三角形。

❸ 3つの辺の長さが、4cm、4cm、5cmの二等辺三角形。

4 右の図の円の半径(はんけい)を使って、円の中に二等辺三角形を1つかきましょう。

教科書 60ページ3 1

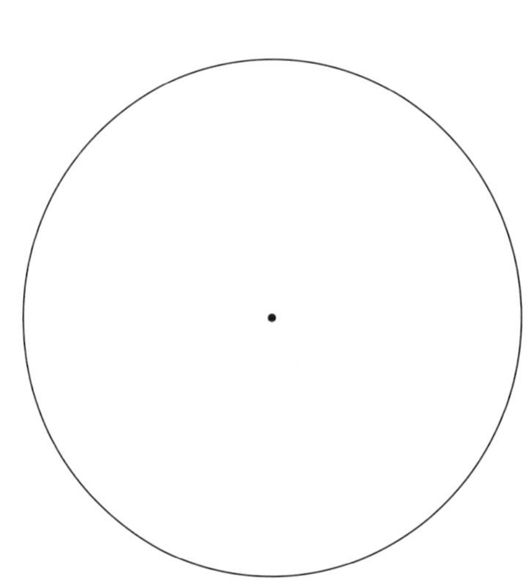

1つの円では、半径の長さはみな等しいことを、り用しよう。

二等辺三角形か正三角形かを調べるときは、三角形の大きさやおかれているいちにかんけいなく、辺の長さだけに目をつけます。

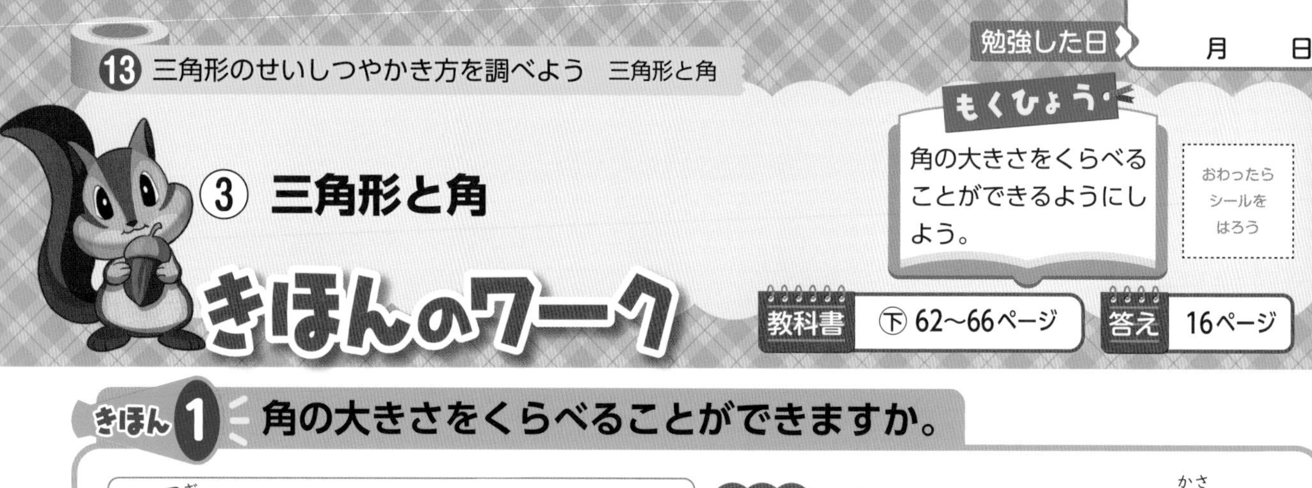

勉強した日　月　日
もくひょう
角の大きさをくらべることができるようにしよう。
おわったらシールをはろう
きほんのワーク
教科書 下 62〜66ページ
答え 16ページ

③ 三角形と角

きほん1　角の大きさをくらべることができますか。

☆次の三角じょうぎの㋐の角と㋑の角の大きさは、どちらが大きいですか。

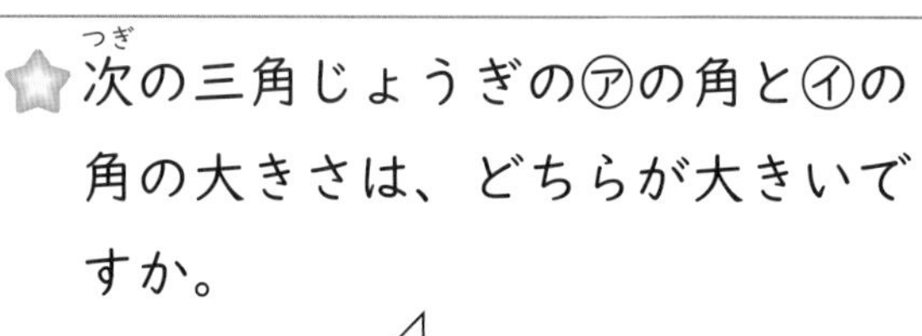
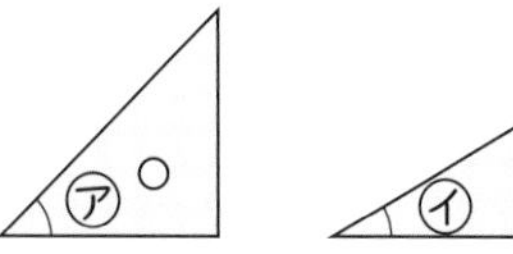

とき方　2つの三角じょうぎを重ねて、角の大きさをくらべてみます。[　　]の角の方が[　　]の角より大きいです。

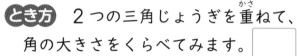

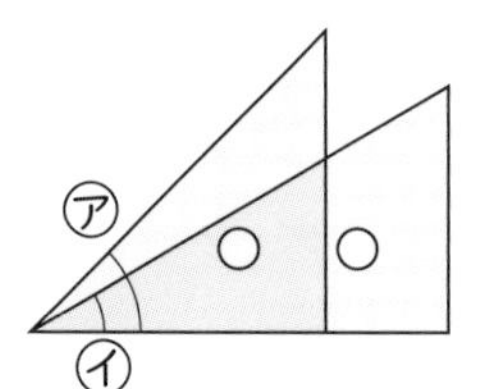

答え [　　]の角

たいせつ
1つの点からでている2本の直線が作る形を、**角**といいます。このとき、1つの点を、角の**ちょう点**といい、2本の直線を、それぞれ角の**辺**といいます。角を作っている辺の開きぐあいを、**角の大きさ**といいます。

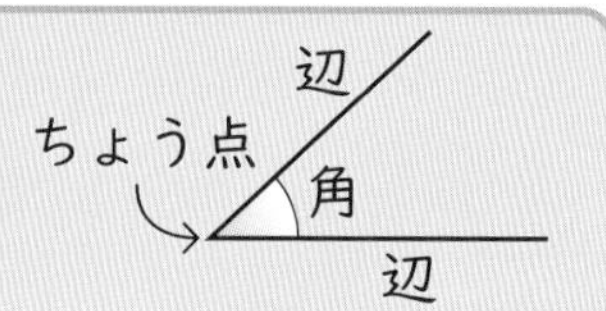

1 1組の三角じょうぎがあります。　教科書 62ページ1 63ページ1

❶ いちばんとがっている角は、㋐〜㋕の角のどれですか。

(　　　　)

❷ 直角になっている角は、㋐〜㋕の角のどれですか。

(　　　　)

❸ ㋑の角と同じ大きさの角は、㋐〜㋕の角のどれですか。

(　　　　)

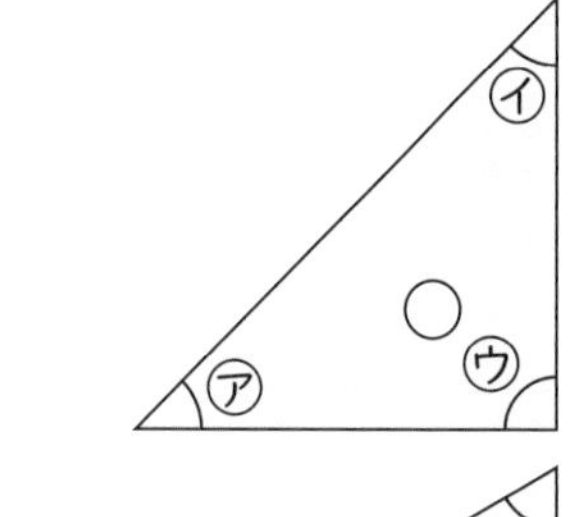
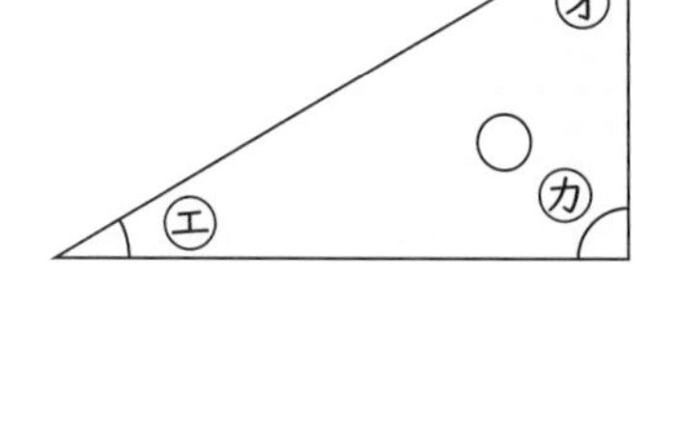

❹ 次の角はどちらが大きいですか。大きい方を○でかこみましょう。

(㋐　㋔)　(㋒　㋔)　(㋔　㋕)

2 次の㋐〜㋔の角の大きさをくらべて、角の大きいじゅんに番号をつけましょう。

教科書 63ページ2

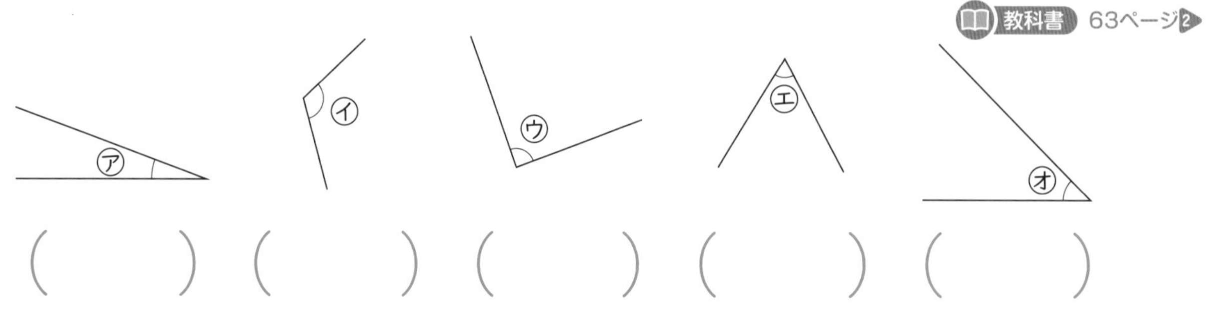

(　　)　(　　)　(　　)　(　　)　(　　)

さんすうはかせ　三角形のちょう点と向かい合う辺のまん中の点をむすんだ3本の直線が1つに交わった点を「重心」といい、この点が三角形の中心で、コマにしたときの「じく」のいちになるよ。

きほん2 二等辺三角形や正三角形の角の大きさのかんけいがわかりますか。

☆右の2つの三角形の角の大きさについて答えましょう。

❶ ㋑の角と同じ大きさの角はどれですか。

❷ ㋓の角と同じ大きさの角はどれですか。

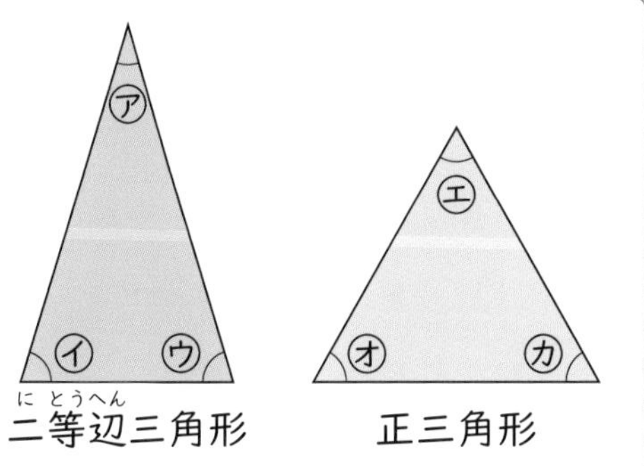

とき方 二等辺三角形は、㋑の角と［　］の角の大きさが等しくなります。

正三角形は、㋓の角と［　］の角と［　］の角の大きさが等しくなります。

二等辺三角形では、2つの角の大きさが、等しくなっています。
正三角形では、3つの角の大きさが、すべて等しくなっています。

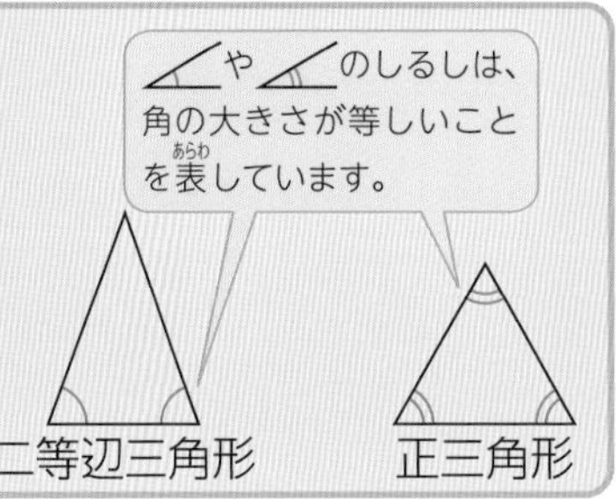

や　のしるしは、角の大きさが等しいことを表（あらわ）しています。
二等辺三角形
正三角形

答え ❶［　］の角　❷［　］の角と［　］の角

3 次の図のように、同じ三角じょうぎを2まいならべました。それぞれ何という三角形ですか。

教科書 65ページ1

❶

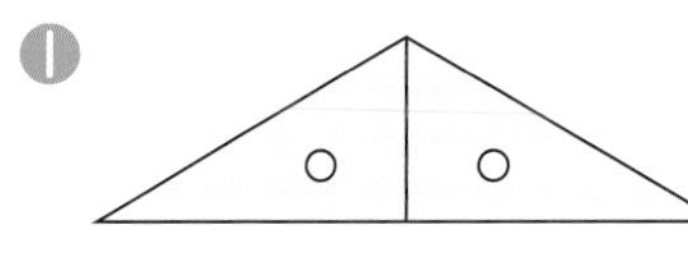

（　　　　）

❷

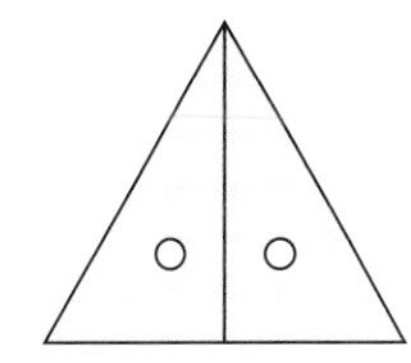

（　　　　）

❸

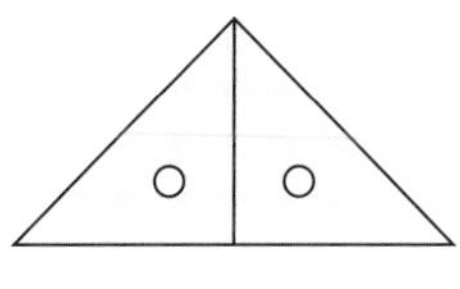

（　　　　）

きほん3 同じ大きさの三角形をしきつめて、いろいろな形が作れますか。

☆㋐の正三角形を3まいしきつめて㋑の形を作るには、どのようにならべればよいですか。

㋐

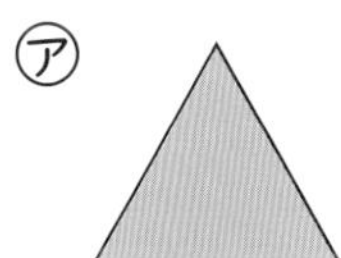

㋑

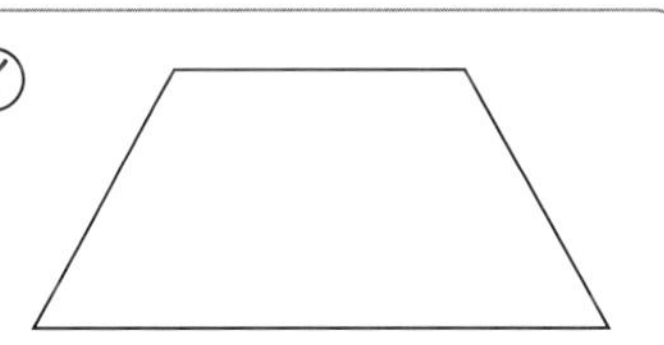

とき方 ㋐の正三角形をすきまなくしきつめます。

答え 上の図に記入

4 次の❶、❷の図は、それぞれ何という三角形をしきつめたものですか。

教科書 65ページ3

❶

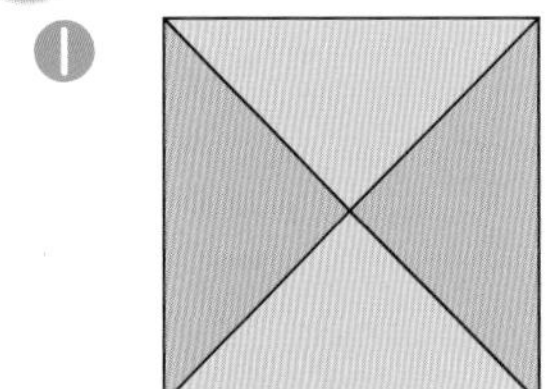

（　　　　）

❷

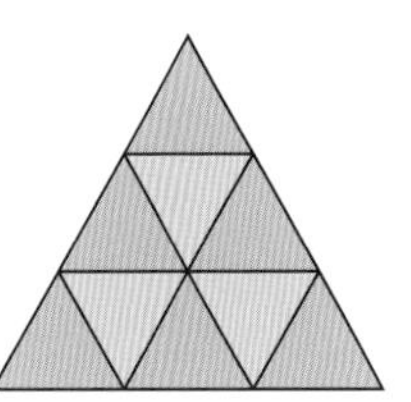

（　　　　）

ポイント 二等辺三角形は2つの角の大きさが等しく、正三角形は3つの角の大きさが、すべて等しくなります。二等辺三角形で、1つの角が直角であるものを直角二等辺三角形といいます。

練習のワーク

教科書　下 52～68ページ　答え　16ページ

できた数　/9問中

おわったらシールをはろう

1 いろいろな三角形　次の三角形の辺の長さを調べ、二等辺三角形には○を、正三角形には△を、どちらでもないものには×をつけましょう。

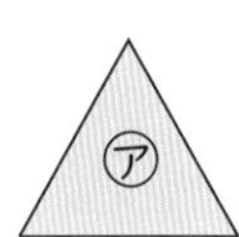

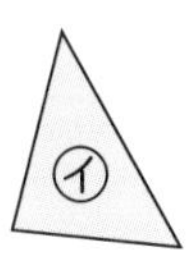

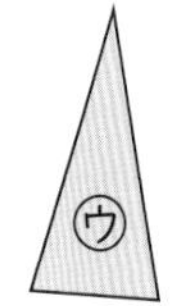

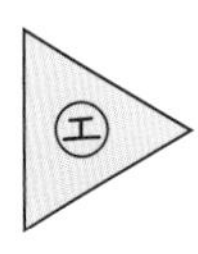

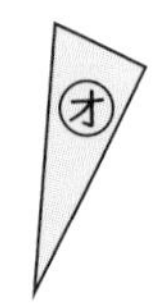

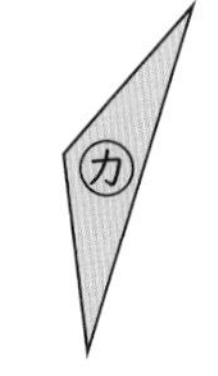

(　　)(　　)(　　)(　　)(　　)(　　)

たいせつ
二等辺三角形…2つの辺の長さが等しい三角形
正三角形…3つの辺の長さが等しい三角形

2 正三角形のかき方　右の図の半径2cmの円を使って、1つの辺の長さが、2cmの正三角形を1つかきましょう。

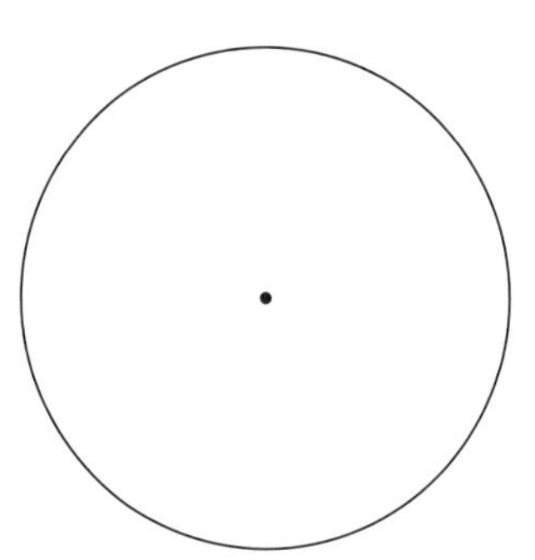

考え方
（れい）　円のまわりにアの点を決め、コンパスを使って、イの点をさがします。

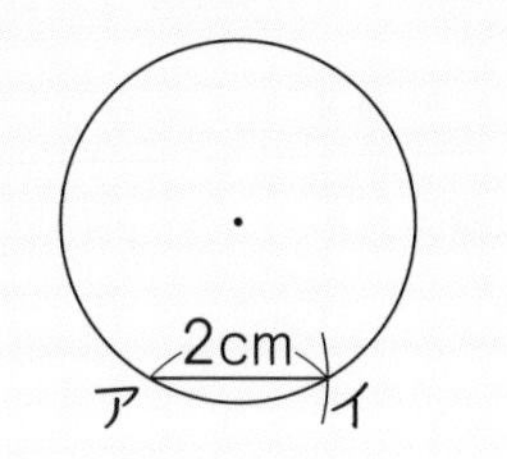

3 角の大小　次のア～エの角の大きさをくらべて、角の小さい方から記号で答えましょう。

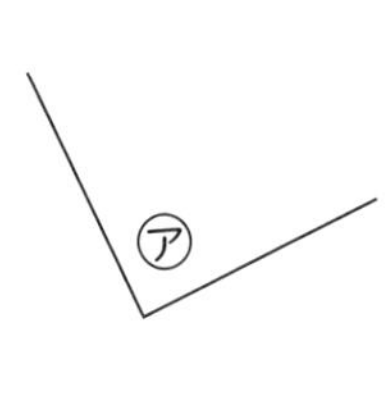

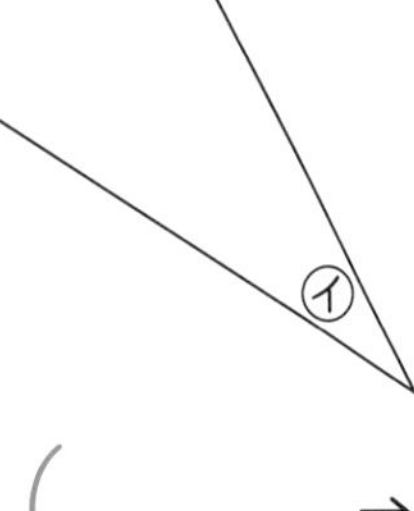

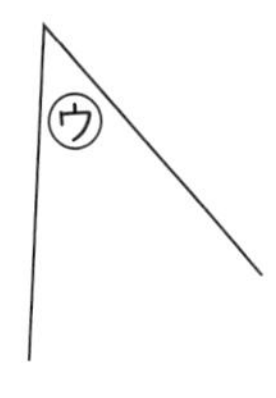

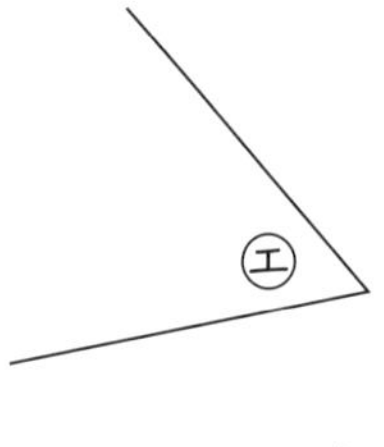

(　　→　　→　　→　　)

角の大きさは、辺の開きぐあいで決まるね。

4 図形のしきつめ　右の図のアの二等辺三角形をしきつめて、イの二等辺三角形を作ります。アの二等辺三角形は何まいいりますか。
└向きにも注意しましょう。

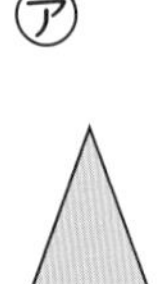

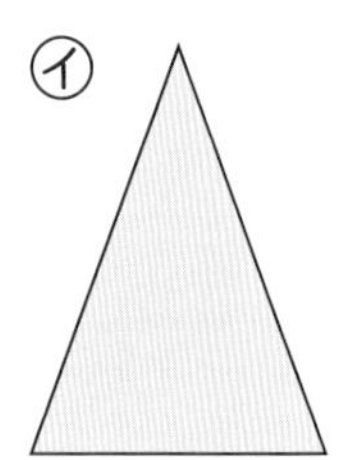

(　　　　)

できるナビ　二等辺三角形や正三角形のとくちょうが言えるようにきちんとおぼえておこう。

1 よく出る 次のような三角形を、ノートにかきましょう。　1つ8〔16点〕

❶ 3つの辺の長さが、7cm、7cm、10cm の三角形。

❷ 3つの辺の長さが、どれも8cm の三角形。

2 長方形の紙を2つにおって、㋐、㋑、㋒のように、点線のところで切ります。開(ひら)いたときにできるのは、何という三角形ですか。　1つ10〔30点〕

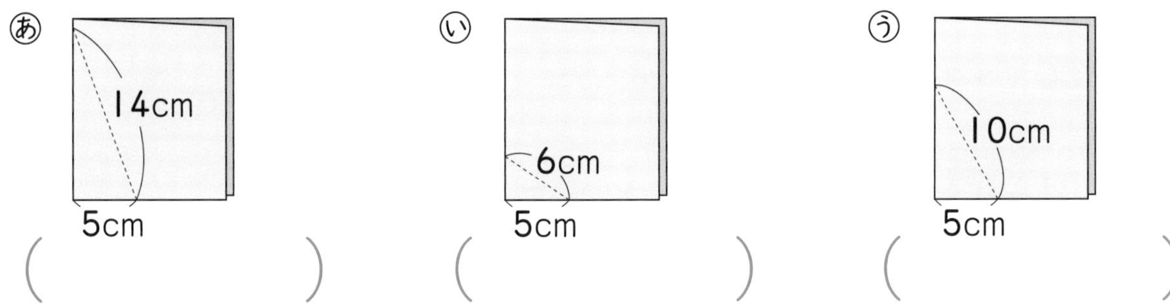

（　　）（　　）（　　）

3 チャレンジ! 三角じょうぎを使って、右の㋐～㋒、㋕～㋗の角の大きさを調べ、□にあてはまる数を書きましょう。　1つ10〔30点〕

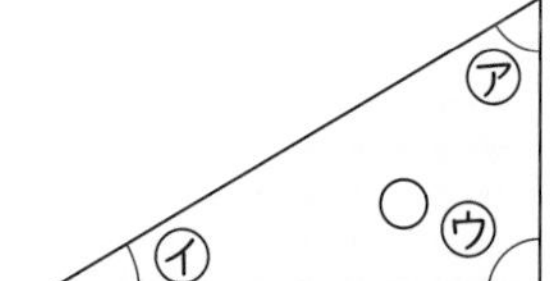

❶ ㋒の角は、㋑の角の□こ分の大きさ。

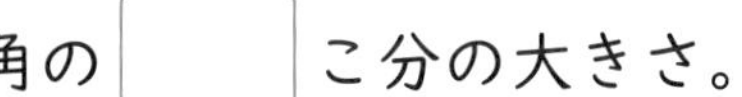

❷ ㋐の角は、㋑の角の□こ分の大きさ。

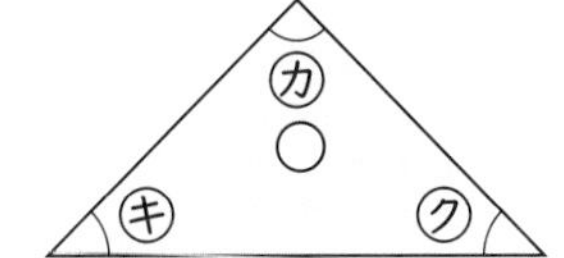

❸ ㋕の角は、㋖の角の□こ分の大きさ。

4 右の図の3つの円の半径は、どれも2cmで、中心はア、イ、ウです。　1つ8〔24点〕

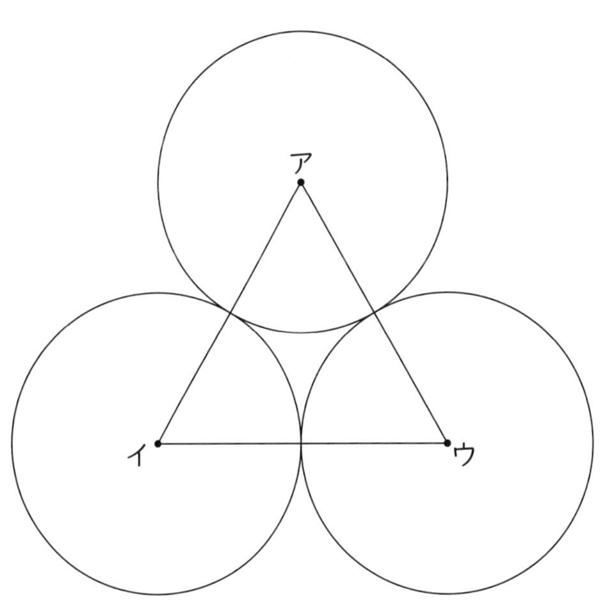

❶ 三角形アイウで、次の辺の長さは何cmですか。

辺アイ（　　）

辺イウ（　　）

❷ 三角形アイウは何という三角形ですか。

（　　）

□ 二等辺三角形と正三角形をかくことができたかな？

□ 二等辺三角形と正三角形のとくちょうがわかったかな？

勉強した日　月　日

① 何十をかけるかけ算
② (2けた)×(2けた)の計算 [その1]

きほんのワーク

もくひょう
2けたの数をかける計算が筆算でできるようになろう。

おわったらシールをはろう

教科書 ㊦72～78ページ　答え 17ページ

きほん1 何十をかける計算のしかたがわかりますか。

☆次の計算をしましょう。 ❶ 6×30 ❷ 60×30

とき方 ❶ かける数が10倍になると、答えも□倍になります。

6× 3 ＝□
↓10倍 ↓10倍
6×30＝□

❷ かけられる数とかける数がそれぞれ10倍になると、答えは□倍になります。

6 × 3 ＝□
↓10倍 ↓10倍 ↓100倍
60×30＝□

考え方
❶ 6×30
＝6×3×10
＝18×10
＝180

❷ 60×30
＝6×10×3×10
＝6×3 ×10×10
＝18×100
＝1800

答え ❶ □ ❷ □

1 ドーナツが3こずつ入った箱が40箱あります。ドーナツは全部で何こありますか。 教科書 73ページ1

式

答え（　　　）

2 次の計算をしましょう。 教科書 75ページ3

❶ 2×40　❷ 7×50

❸ 8×90　❹ 20×30

❺ 80×40　❻ 50×20

ある数を10倍すると、右に0を1つつけた数になって、100倍すると、右に0を2つつけた数になるんだったね。

筆算は、13世紀のイタリアの商人フィボナッチがアラビアからの本をもとにした本『計算書』を出したのが始まりだよ。18世紀ごろまでは計算のはやさをきそっていたそうだよ。

きほん 2 （２けた）×（２けた）の筆算のしかたがわかりますか。

☆次の計算を筆算でしましょう。　❶ 13×32　❷ 45×39

とき方　これまでのかけ算の筆算と同じように、一の位から計算します。

❶

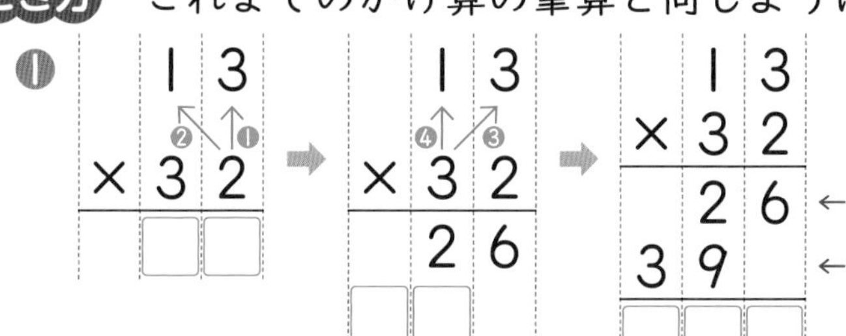

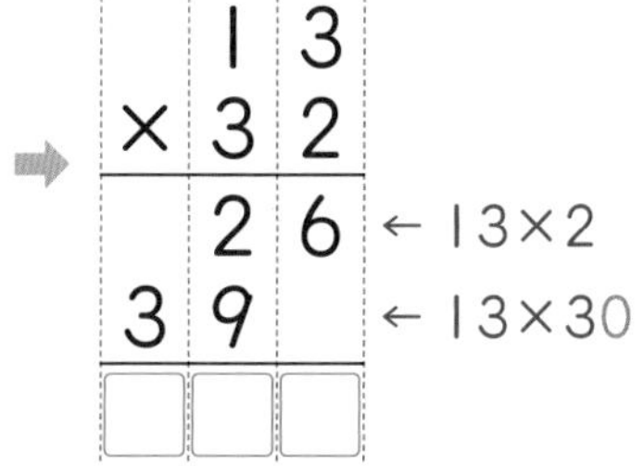

13×32の計算のしかた

＜考え方＞

32 を 30 と 2 に分けて考えます。

13×32＜ 13×　2＝　26 / 13×30＝390

合わせて　416

＜筆算のしかた＞

かける数を十の位と一の位に分けて計算する。

```
  13
× 32
  26 …13×2
 390 …13×30
 416
```

❷

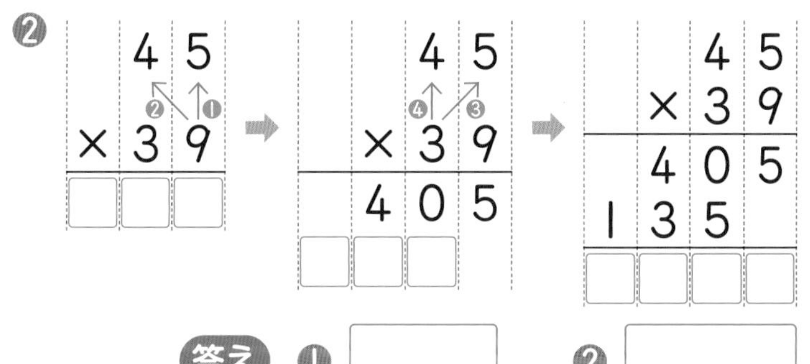

答え　❶ ［　　　］　❷ ［　　　］

3 色紙を１人に 28 まいずつ、35 人に配(くば)るには、全部で何まいいりますか。　教科書 76ページ1

式

答え（　　　　　）

4 次の筆算をしましょう。　教科書 77～78ページ

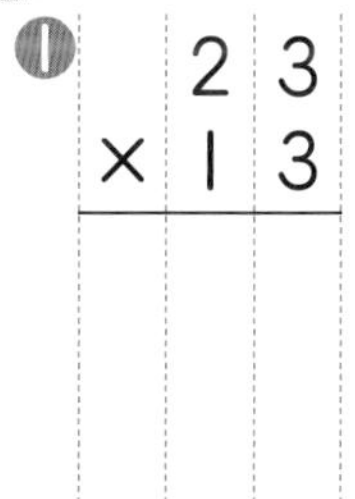

❶ 23 × 13

❷ 21 × 34

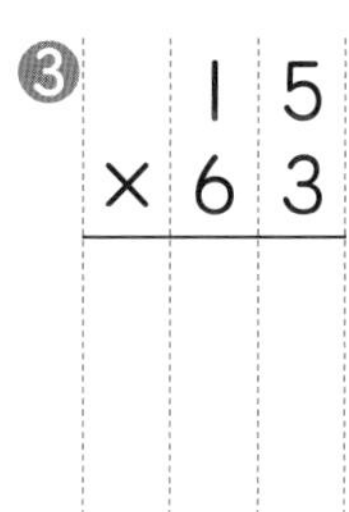

❸ 15 × 63

❹ 82 × 51

❺ 24 × 39

❻ 54 × 75

❼ 46 × 25

❽ 77 × 48

ポイント　かける数が２けたのかけ算の筆算は、これまでのかけ算の筆算と同じように、一の位から位ごとに計算します。筆算のしくみをよく理かいすることが大切です。

勉強した日　月　日

② (2けた)×(2けた)の計算 [その2]
③ (3けた)×(2けた)の計算
④ 暗算

きほんのワーク

もくひょう
かけられる数が3けたの筆算ができるようになろう。

おわったらシールをはろう

教科書 下79～82ページ　答え 17ページ

きほん1 計算のくふうができますか。

☆49×30の計算を筆算でしましょう。

とき方　かける数の一の位が0のときは、0をかける計算をはぶいて、かんたんにすることができます。

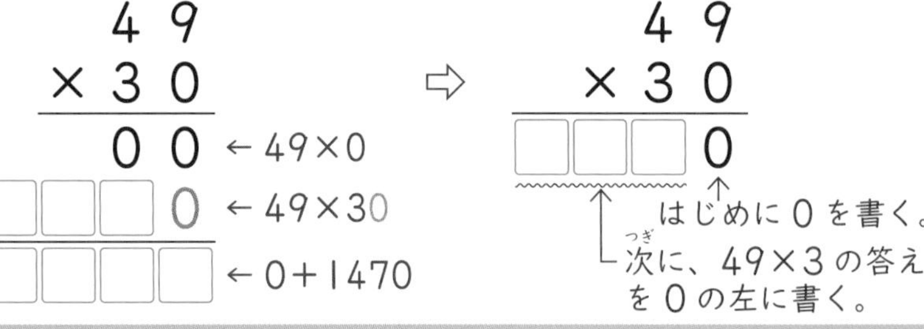

答え

1 次の計算を筆算でしましょう。 教科書 79ページ2

❶ 63×50　❷ 37×40

❸ 60×45　❹ 70×62

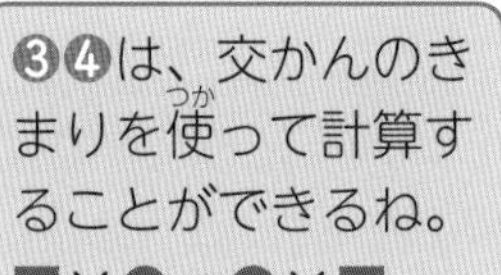

2 クリップが58こずつ入っている箱が30箱あります。クリップは全部で何こありますか。 教科書 79ページ3

式

答え（　　　）

きほん2 (3けた)×(2けた)の筆算ができますか。

☆213×32の計算を筆算でしましょう。

とき方　位をそろえて、一の位からじゅんに計算します。

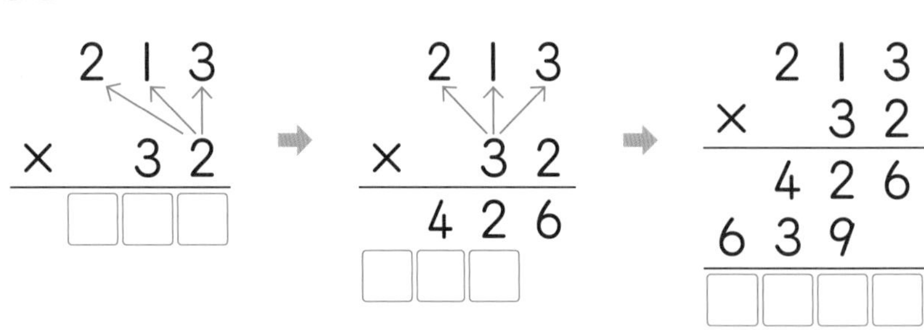

答え

今の筆算の形になるまでには、「倍加法→鎧戸法→電光法→改良電光法」などの計算のしかたが考え出され、できるだけかんたんに表せるようにくふうされてきたんだ。

3 １こ113円のりんごを21こ買います。全部で何円になりますか。

教科書 80ページ1

答え（　　　　　　）

4 次の筆算をしましょう。

教科書 80ページ1 81ページ1・3

❶
$$\begin{array}{r} 133 \\ \times\ \ 23 \\ \hline \end{array}$$

❷
$$\begin{array}{r} 343 \\ \times\ \ 12 \\ \hline \end{array}$$

❸
$$\begin{array}{r} 239 \\ \times\ \ 48 \\ \hline \end{array}$$

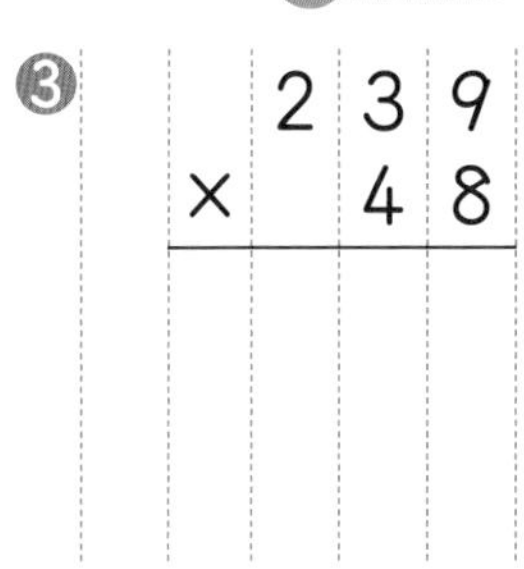

❹
$$\begin{array}{r} 417 \\ \times\ \ 52 \\ \hline \end{array}$$

❺
$$\begin{array}{r} 830 \\ \times\ \ 69 \\ \hline \end{array}$$

❻
$$\begin{array}{r} 675 \\ \times\ \ 84 \\ \hline \end{array}$$

❼
$$\begin{array}{r} 507 \\ \times\ \ 40 \\ \hline \end{array}$$

❽
$$\begin{array}{r} 600 \\ \times\ \ 82 \\ \hline \end{array}$$

0がある計算は位（くらい）取（ど）りに気をつけないといけないね。

きほん3 計算を暗算でできますか。

☆5×26×2の計算を暗算（あんざん）でしましょう。

とき方 5×26×2＝26×□×2
＝26×□
＝□

かける数のじゅんじょをかえて計算しても、答えが同じになる「けつ合のきまり」を使って、くふうするよ。

答え □

5 次の計算を暗算でしましょう。

教科書 82ページ3

❶ 3×25×4

❷ 25×12

5×2＝10や25×4＝100のように、ちょうどの数になる計算をおぼえておこう。❷は、12を4×3として考えるよ。

ポイント （３けた）×（２けた）の筆算も、一の位から計算します。くふうをすると、計算がかんたんになることがあります。

練習のワーク

教科書 ㊦72〜84ページ　答え 17ページ

できた数 /16問中

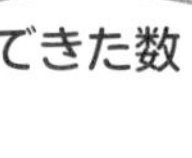

おわったらシールをはろう

1 何十をかけるかけ算　次の計算をしましょう。

❶ 3×60
3×60の答えは、3×6の10倍だから、3×6の答えの右に、0を1つつけた数になります。

❷ 50×30
50×30の答えは、5×3の100倍だから、5×3の答えの右に、0を2つつけた数になります。

❸ 2×70

❹ 40×20

❺ 80×90

❻ 50×80

2 2けたの数をかける筆算　次の筆算をしましょう。

❶
```
  2 4
×3 2
```

❷
```
  9 3
×4 0
```

❸
```
  5 2 1
×   6 1
```

❹
```
  7 0 6
×   8 4
```

3 筆算のしかた　次の筆算のまちがいを見つけ、正しく計算しましょう。

❶
```
    6 3
  × 7 5
  3 0 5
4 2 1
4 5 1 5
```

❷
```
  9 0 4
×   3 2
    1 8 8
  2 8 2
  3 0 0 8
```

❷十の位が0のときは気をつけよう。

4 2けたの数をかける計算　1分間に247まいの紙をいんさつするきかいがあります。このきかいが、35分でいんさつできるのは何まいですか。

式

答え（　　　　）

考え方
(1分間のまい数)×(時間)＝(全部のまい数)

5 暗算　次の計算を暗算でしましょう。

❶ 5×34×20　　❷ 16×25　　❸ 8×125

できるナビ　筆算が正しくできるようにしよう。くり上がりがあるときは、くり上がった数をたしわすれないようにしよう。

勉強した日　月　日

まとめのテスト
教科書　下 72〜84ページ
答え　18ページ
時間 20分
とく点
/100点
おわったら
シールを
はろう

1 よく出る 次の計算をしましょう。　1つ6〔72点〕

❶ 9×60　❷ 80×70　❸ 23×43

❹ 35×16　❺ 57×34　❻ 432×12

❼ 329×73　❽ 125×86　❾ 452×32

❿ 703×54　⓫ 608×90　⓬ 800×36

2 リボンでかざりを作ります。1このかざりを作るのに、リボンを53cm使い(つか)ます。かざりを27こ作るには、リボンは何m何cmいりますか。　1つ7〔14点〕

式

答え（　　　　）

3 まゆみさんのクラスでは、32人で水族館(すいぞくかん)に行き、1人440円かかりました。全部で何円かかりましたか。

式　1つ7〔14点〕

答え（　　　　）

ふろくの「計算練習ノート」24〜27ページをやろう！

□ 2けたの数をかける筆算のしかたがわかったかな？
□ かけ算の式(しき)をつくって、答えをもとめることができたかな？

勉強した日　　月　　日

① 分数
② 分数のしくみ ［その1］

きほんのワーク

もくひょう
分数の意味と分数のしくみがわかるようになろう。

おわったらシールをはろう

教科書 ㊦86〜94ページ　答え 18ページ

きほん 1　分けた大きさの表し方がわかりますか。

☆色をぬったところの長さは、何mですか。

❶
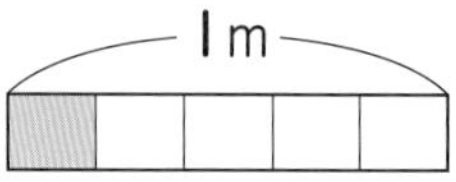

❷
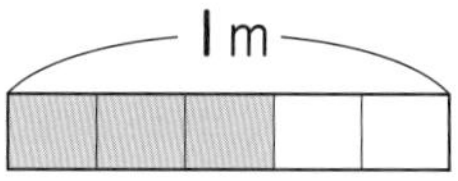

とき方 ❶ 1mを5等分(とうぶん)した1こ分の長さで□mです。

❷ 1mを5等分した3こ分の長さで□mです。

答え ❶ □m　❷ □m

たいせつ
1mを5等分した1こ分の長さを、$\frac{1}{5}$mと書き、「五分の一メートル」と読みます。
$\frac{1}{5}$、$\frac{3}{5}$のような数を、**分数**(ぶんすう)といいます。
線の下の数を**分母**(ぶんぼ)といい、線の上の数を**分子**(ぶんし)といいます。分母は、1mや1Lなどのもとになる大きさを何等分したかを表(あらわ)し、分子は、それを何こ集(あつ)めたかを表しています。

$\frac{3}{5}$ …分子／…分母

— → $\frac{\ }{5}$ → $\frac{3}{5}$
のじゅんに書きます。

1 次(つぎ)の長さは、何mですか。分数で答えましょう。　教科書 88ページ1

❶ 1mを2等分した1こ分の長さ。

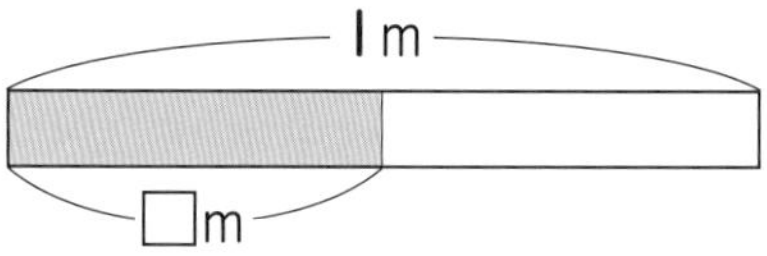

（　　　　）

❷ 6こ分で1mになるはしたの長さ。

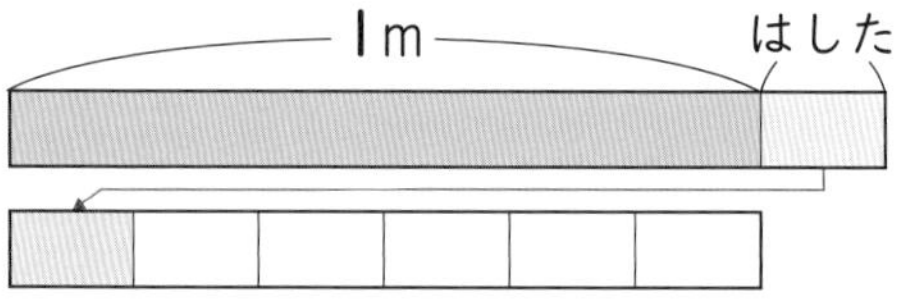

（　　　　）

2 次の水のかさは何Lですか。分数で答えましょう。　教科書 90ページ4

❶
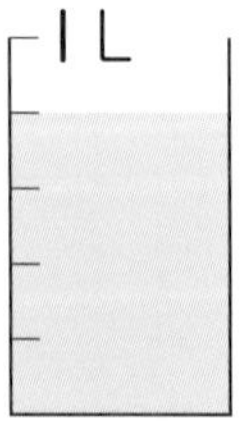

（　　　　）

❷
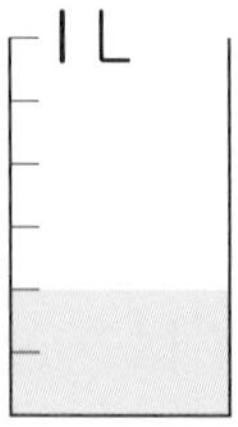

（　　　　）

3 次の長さやかさにあたるところに、色をぬりましょう。　教科書 90ページ5

❶ $\frac{5}{9}$m

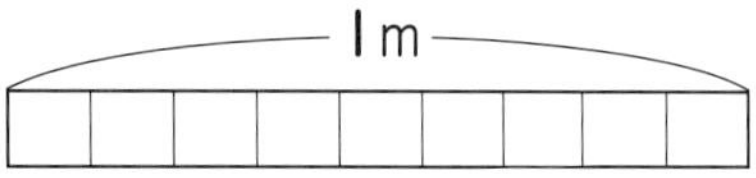

❷ $\frac{4}{7}$dL

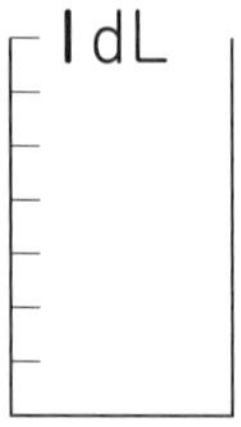

さんすうはかせ　分数は1の大きさを等分するので、1より小さいいろいろな大きさを表すことができるんだよ。

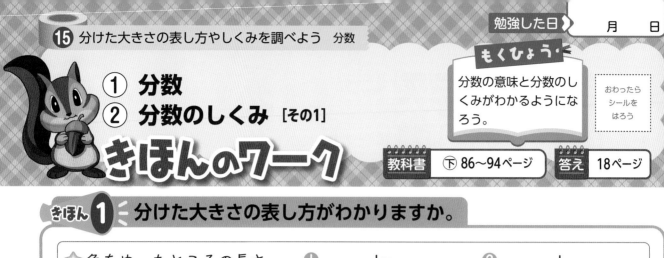

きほん 2　分数の大きさの表し方がわかりますか。

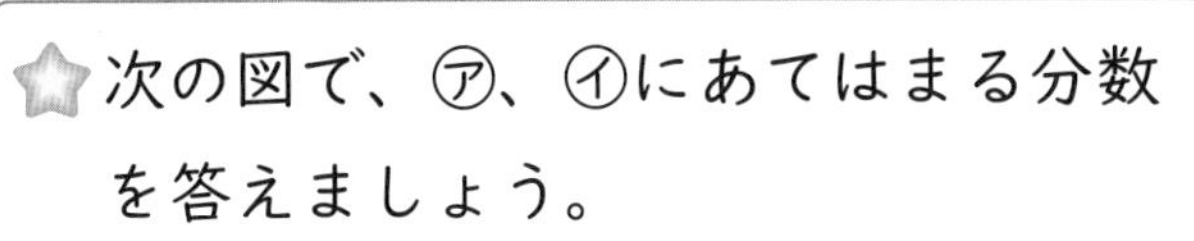

☆次の図で、㋐、㋑にあてはまる分数を答えましょう。

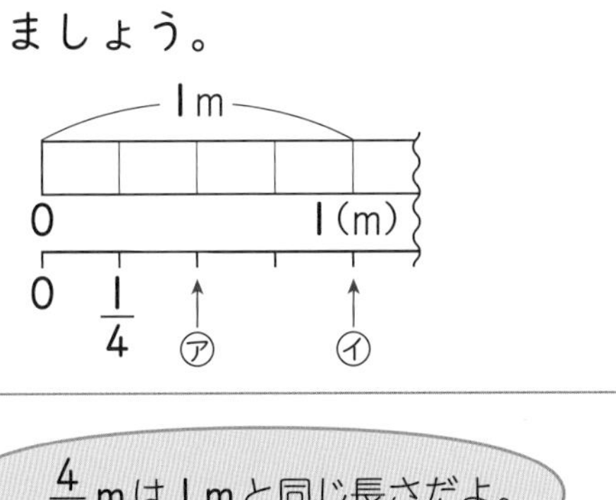

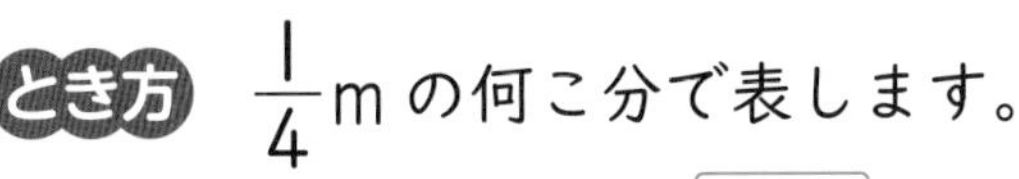

とき方　$\frac{1}{4}$mの何こ分で表します。

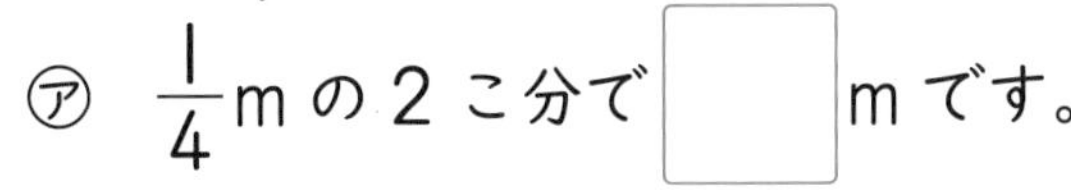

㋐　$\frac{1}{4}$mの2こ分で□mです。

㋑　$\frac{1}{4}$mの4こ分で□mです。

これはちょうど1mです。

分母と分子が同じ数のときは、1と等(ひと)しくなります。

$\frac{4}{4}$mは1mと同じ長さだよ。

答え　㋐ 　　㋑ 

4 次の数直線で、↑の表している数を分数で答えましょう。　
教科書　93ページ2

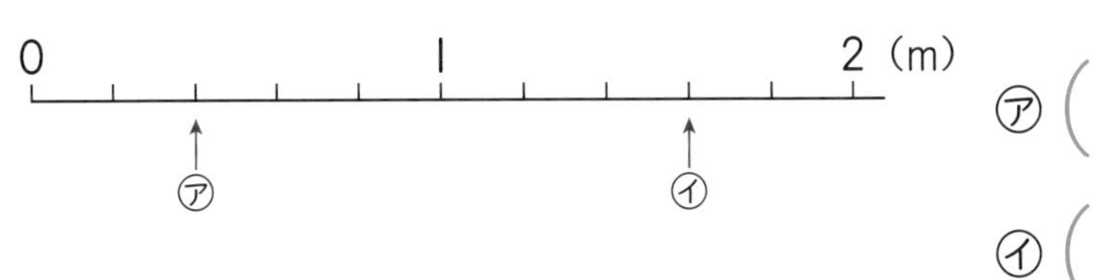

㋐(　　　)

㋑(　　　)

ちゅうい
1より大きい数も分数で表せます。

5 次の□にあてはまる不等号(ふとうごう)を書きましょう。
教科書　92ページ2　93ページ3

❶ $\frac{4}{5}$m □ $\frac{3}{5}$m　❷ 1L □ $\frac{8}{7}$L　❸ 2dL □ $\frac{3}{2}$dL

きほん 3　もとにする大きさと分数のかんけいがわかりますか。

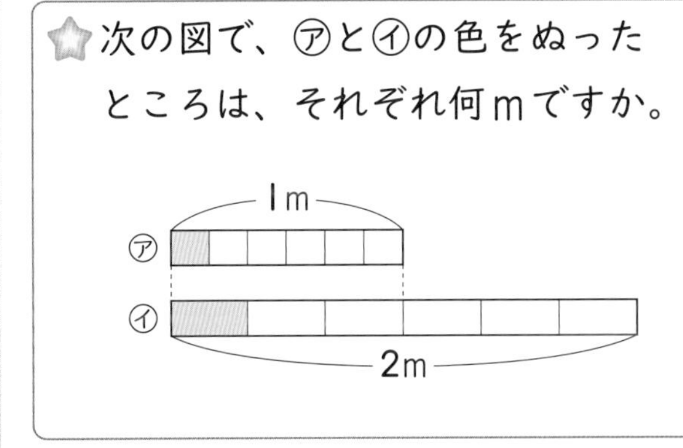

☆次の図で、㋐と㋑の色をぬったところは、それぞれ何mですか。

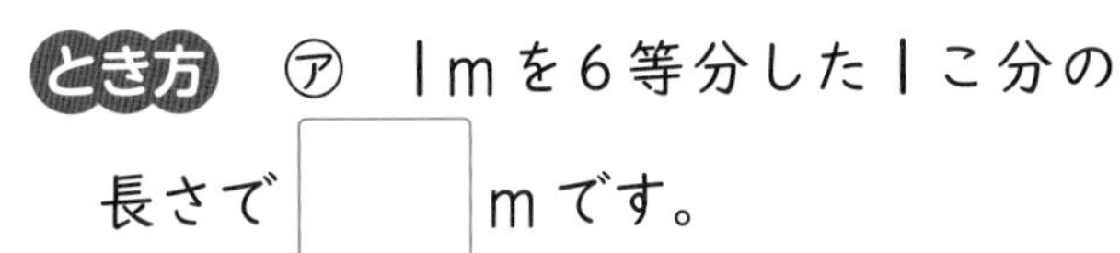

とき方　㋐　1mを6等分した1こ分の長さで□mです。

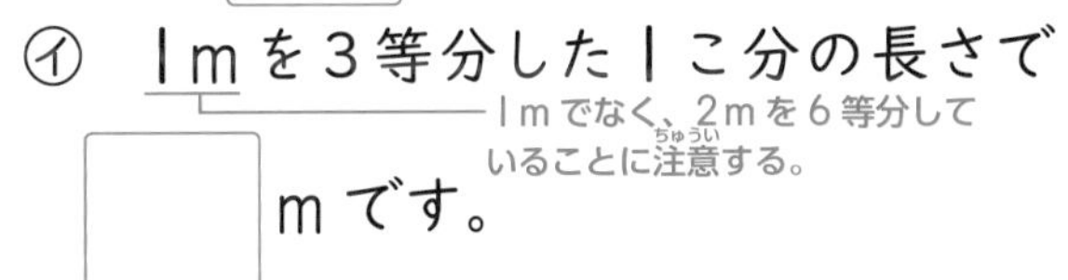

㋑　1mを3等分した1こ分の長さで□mです。

1mでなく、2mを6等分していることに注意(ちゅうい)する。

答え　㋐□m　㋑□m

6 次の図で、㋐と㋑の色をぬったところは、それぞれ何mですか。
教科書　94ページ3

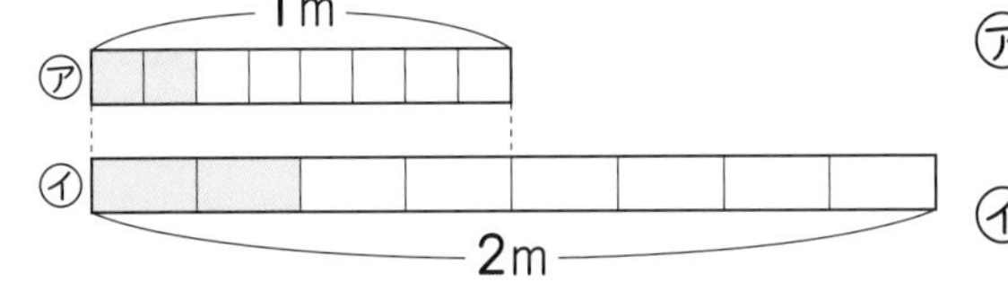

㋐(　　　)

㋑(　　　)

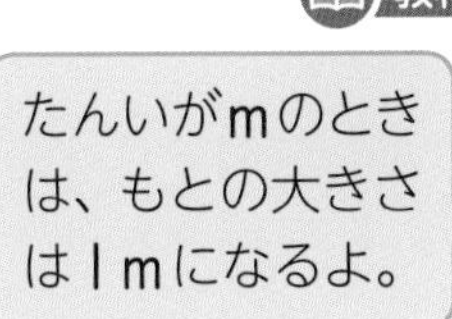

たんいがmのときは、もとの大きさは1mになるよ。

ポイント　分母は、1Lや1mなどのもとになる大きさを何等分したかを表し、分子は、それを何こ集めたかを表しています。

勉強した日　　月　　日

② 分数のしくみ ［その2］
③ 分数のたし算とひき算
きほんのワーク

もくひょう
分数と小数のかんけいや、分数のたし算とひき算のしかたを学ぼう。

おわったらシールをはろう

教科書 ㊦ 95〜97ページ　答え 18ページ

きほん1 分数と小数のかんけいがわかりますか。

☆次の数直線で、上の❶❷の□にあてはまる分数を、下の❸❹の□にあてはまる小数を答えましょう。

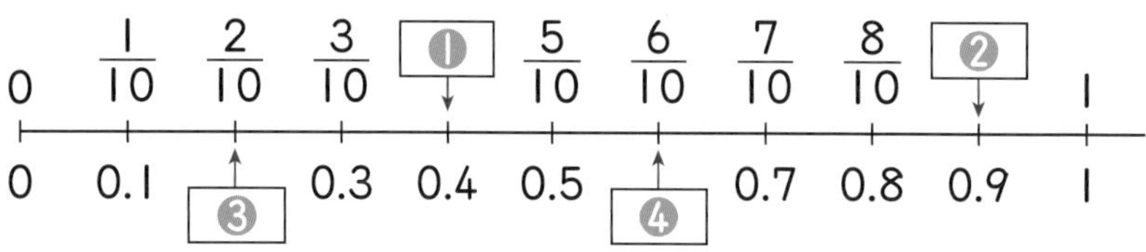

とき方 それぞれ$\frac{1}{10}$や0.1の何こ分かを考えます。

答え ❶ □　❷ □　❸ □　❹ □

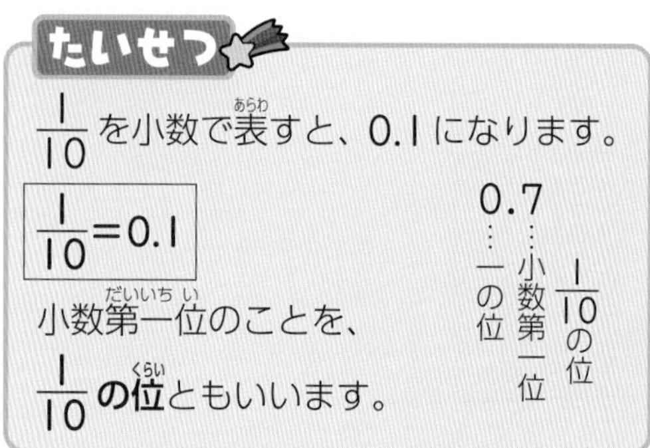

たいせつ
$\frac{1}{10}$を小数で表すと、0.1になります。
$\frac{1}{10}$=0.1
小数第一位のことを、
$\frac{1}{10}$の位ともいいます。
0.7
一の位
小数第一位
$\frac{1}{10}$の位

1 次の□にあてはまる等号や不等号を書きましょう。　教科書 95ページ②

❶ $\frac{5}{10}$ □ 0.6　❷ $\frac{8}{10}$ □ 0.8　❸ 0.4 □ $\frac{3}{10}$

きほん2 分数のたし算ができますか。

☆$\frac{2}{10}$Lのジュースと$\frac{5}{10}$Lのジュースを合わせると、何Lになりますか。

とき方 合わせたかさをもとめるので、式は$\frac{2}{10}+\frac{5}{10}$です。$\frac{1}{10}$Lをもとにして、たし算をします。

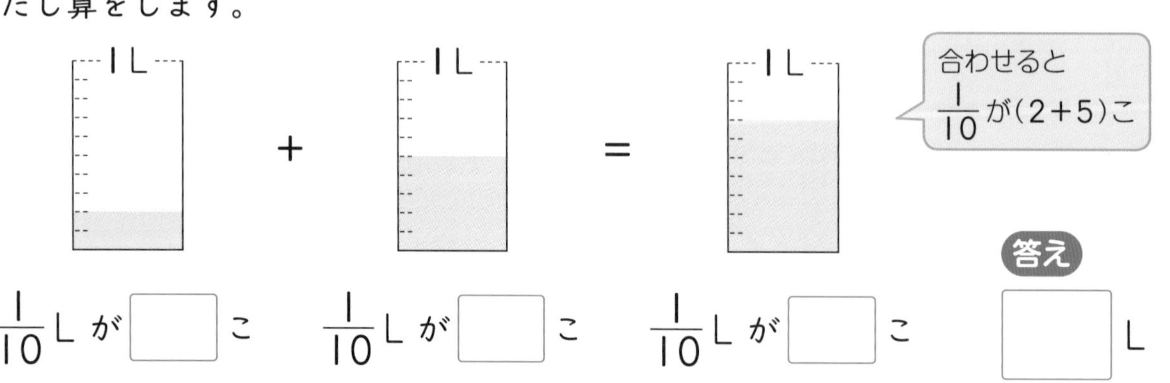

さんすうはかせ　分数で、分子と分母が同じ分数（大きさは1）や、分子が分母より大きい分数（1より大きい分数）のことを「仮分数」というよ。1より小さい分数は「真分数」というんだ。

2 次の計算をしましょう。

❶ $\frac{2}{4}+\frac{1}{4}$　❷ $\frac{3}{6}+\frac{2}{6}$　❸ $\frac{2}{5}+\frac{2}{5}$

❹ $\frac{5}{9}+\frac{4}{9}$　❺ $\frac{1}{2}+\frac{1}{2}$

分子と分母が同じ分数は、1と同じ大きさになるよ。

きほん 3 分数のひき算ができますか。

☆ $\frac{6}{7}$mのテープから$\frac{2}{7}$m切り取(と)りました。のこりは何mですか。

とき方　式は、$\frac{6}{7}-\frac{2}{7}$です。

ひき算も$\frac{1}{7}$mをもとにして考えます。

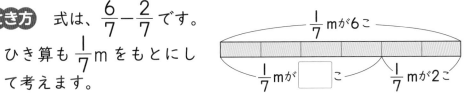

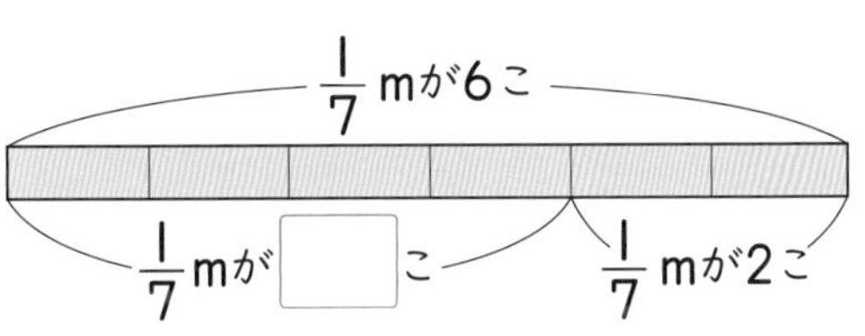

□m

3 オレンジジュースが$\frac{8}{9}$L、りんごジュースが$\frac{5}{9}$Lあります。かさのちがいは何Lですか。

式

答え（　　　　）

4 次の計算をしましょう。

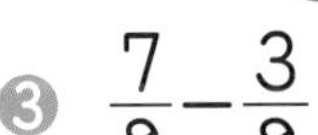

❶ $\frac{5}{6}-\frac{2}{6}$　❷ $\frac{4}{5}-\frac{2}{5}$　❸ $\frac{7}{8}-\frac{3}{8}$

❹ $1-\frac{2}{10}$　❺ $1-\frac{3}{4}$

1を分数で表すと、$\frac{10}{10}$や$\frac{4}{4}$などのいろいろな分数で表(あらわ)せるんだね。

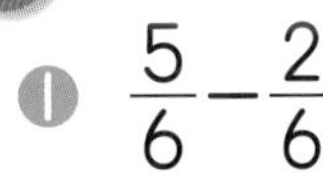

ポイント　分母が同じ分数のたし算、ひき算は、分母はそのままで分子どうしをたしたり、ひいたりします。

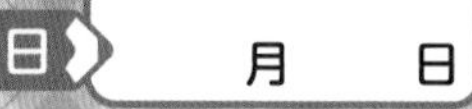

教科書　㊦ 86～99ページ　答え　19ページ

できた数　/20問中

おわったら シールを はろう

1 分けた大きさの表し方

次の色をぬったところの長さやかさを、分数で表しましょう。

❶

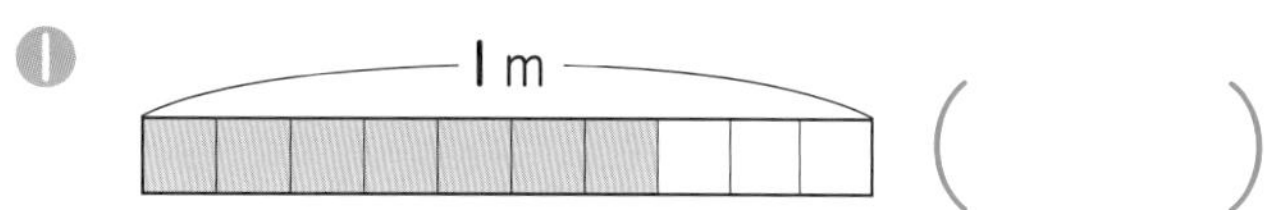

(　　　)

❷ 1L (　　　)

❸

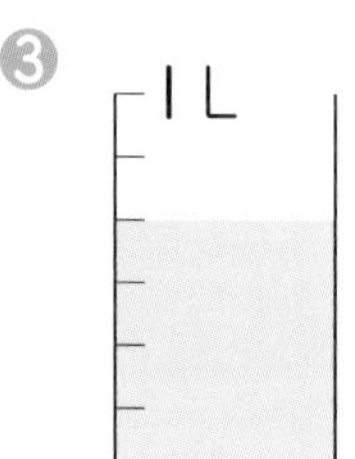

(　　　)

❶ 1mを10等分した何こ分の長さか考えます。

❷❸ 1Lを何等分した何こ分のかさか考えます。

1mや1Lを等分した数が分母になるんだったね。

2 分数の大きさの表し方

次の□にあてはまる数を書きましょう。

❶ $\frac{3}{6}$ は、$\frac{1}{6}$ の□こ分です。

❷ □mは、$\frac{1}{8}$mの5こ分です。

❸ $\frac{1}{3}$ の□こ分は、$\frac{2}{3}$ です。

❹ $\frac{1}{10}$Lの□こ分は、1Lです。

分子と分母が同じ数のときは、1になります。

❺ $\frac{1}{6}$ の6こ分は、□です。

❻ 0.9を分数で表すと $\frac{\square}{10}$ です。

3 分数の大小

次の□にあてはまる不等号を書きましょう。

❶ $\frac{2}{5}$ □ $\frac{3}{5}$　❷ $\frac{8}{9}$ □ $\frac{7}{9}$　❸ $\frac{6}{7}$ □ 1

考え方

分数の大小は、分母が同じときは、分子の数の大きさで考えます。

❸の1は、$\frac{7}{7}$ と考えます。

4 分数のたし算・ひき算

次の計算をしましょう。

❶ $\frac{2}{5}+\frac{1}{5}$　❷ $\frac{2}{9}+\frac{3}{9}$　❸ $\frac{1}{8}+\frac{7}{8}$　❹ $\frac{3}{10}+\frac{5}{10}$

❺ $\frac{6}{7}-\frac{2}{7}$　❻ $\frac{3}{4}-\frac{2}{4}$　❼ $1-\frac{3}{6}$　❽ $1-\frac{1}{8}$

できるナビ　分けた大きさを、分数で表せるようになり、分数のたし算やひき算ができるようになろう。

まとめのテスト

時間 20分　とく点 /100点　おわったらシールをはろう

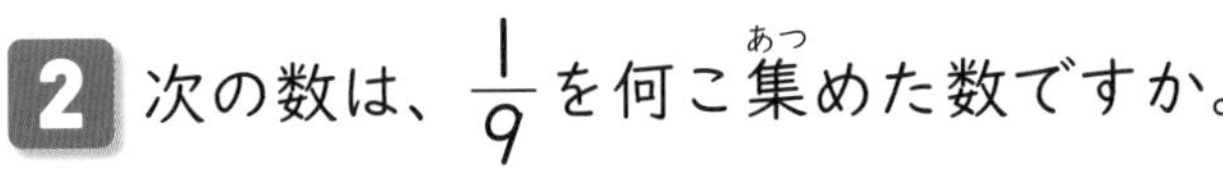

1 次の長さやかさを、分数で表しましょう。　1つ6〔12点〕

❶ 1mを7等分した1こ分の長さ。　（　　　）

❷ 4こ分で1Lになるはしたのかさ。　（　　　）

2 次の数は、$\frac{1}{9}$を何こ集(あつ)めた数ですか。　1つ5〔20点〕

❶ $\frac{5}{9}$　（　　）　❷ $\frac{7}{9}$　（　　）　❸ $\frac{6}{9}$　（　　）　❹ 1　（　　）

3 よく出る 次の数直線を見て答えましょう。　1つ6〔30点〕

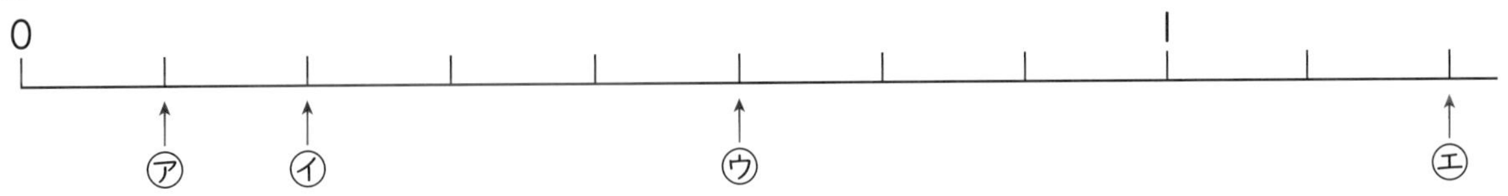

❶ ↑の表している数を分数で答えましょう。

㋐（　　　）　㋑（　　　）　㋒（　　　）　㋓（　　　）

❷ $\frac{3}{8}$を、上の数直線に↑でかき入れましょう。

4 次の□にあてはまる等号や不等号を書きましょう。　1つ6〔18点〕

❶ $\frac{6}{10}$ □ 0.5　❷ 0 □ $\frac{1}{10}$　❸ $\frac{9}{10}$ □ 0.9

5 だいちさんのテープの長さは$\frac{4}{7}$m、かおりさんのテープの長さは$\frac{2}{7}$mです。　1つ5〔20点〕

❶ 合わせて何mになりますか。

式

答え（　　　）

❷ 長さのちがいは何mですか。

式

答え（　　　）

ふろくの「計算練習ノート」20～21ページをやろう！

□ 分数のしくみがわかったかな？
□ 分数のたし算やひき算ができたかな？

勉強した日　月　日

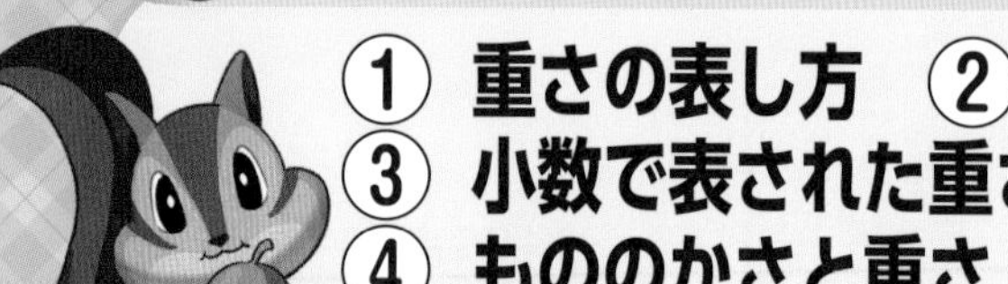

① 重さの表し方 ② りょうのたんい
③ 小数で表された重さ
④ もののかさと重さ ⑤ 重さの計算

きほんのワーク

もくひょう
はかりの目もりが読めるように、重さのたんいを理かいしよう。

おわったらシールをはろう

教科書 下 102〜113ページ　答え 19ページ

きほん 1 はかりを正しく読み取ることができますか。

☆ はかりで重(おも)さをはかったら、❶、❷のようになりました。はりが指(さ)している目もりを読みましょう。

❶
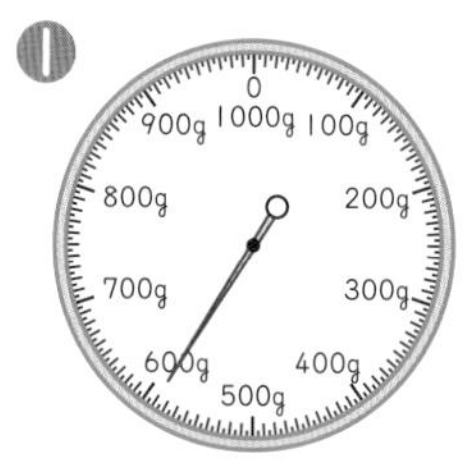

❷

とき方 ❶ いちばん小さい1目もりは5gで、1000gまではかれるはかりです。目もりを読み取(と)ると □ gです。

❷ いちばん小さい1目もりは □ gで、□ kgまではかれるはかりです。目もりを読み取ると □ kg □ gになります。
↑「1キロ100グラム」ともいいます。

たいせつ
重さは、たんいになる重さの何こ分かで表(あらわ)すことができます。
重さのたんいには、**グラム**(g)がありますが、重いものには**キログラム**(kg)というたんいを使(つか)います。
1kg=1000g

答え ❶ □ g　❷ □ kg □ g

1 ノートと筆箱(ふでばこ)の重さをブロックではかりました。次(つぎ)の図を見て、□にあてはまる数やことばを書きましょう。

教科書 104ページ2

❶ ノートは、ブロック □ こ分の重さです。

❷ 筆箱は、ブロック □ こ分の重さです。

❸ ノートと筆箱をくらべると、□ の方がブロック □ こ分だけ重いです。

2 次のはりが指している目もりは、何gですか。

教科書 106ページ1 108ページ3

❶
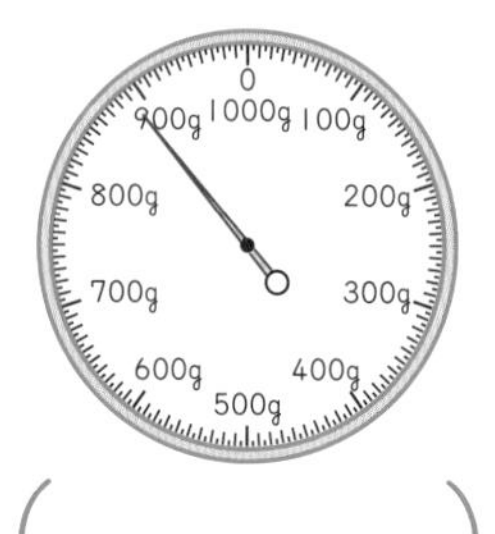

(　　　　)

❷
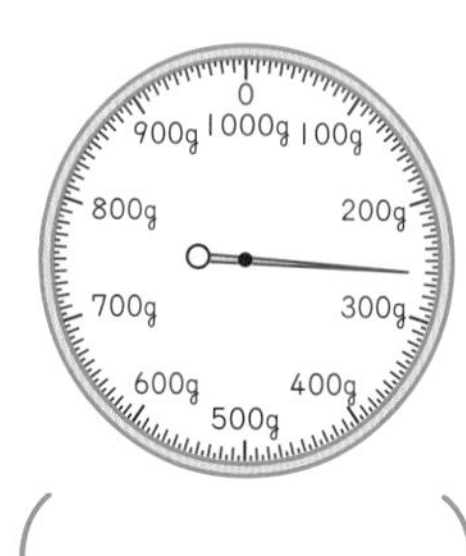

(　　　　)

❸
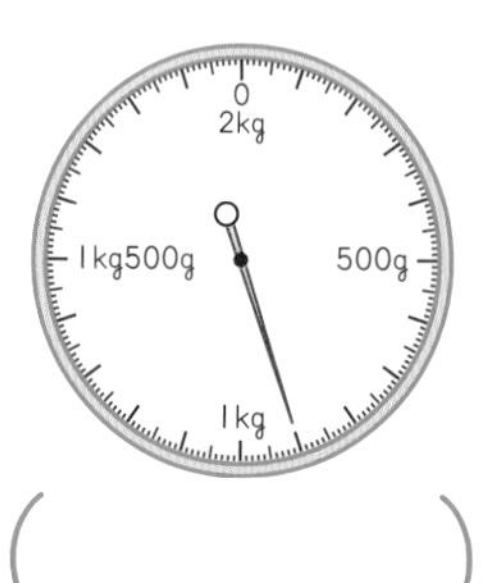

(　　　　)

❹
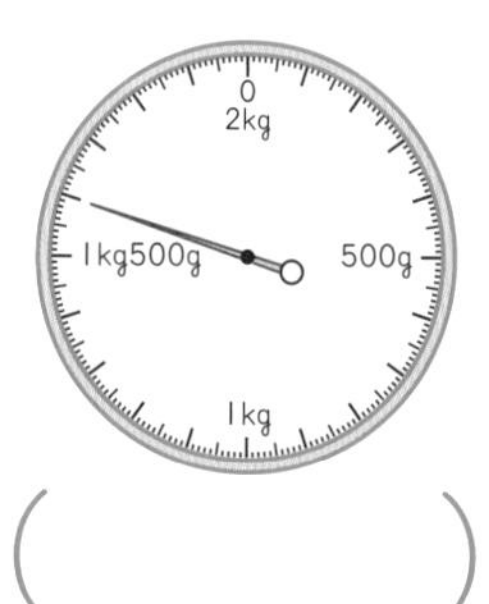

(　　　　)

さんすうはかせ
7000年ほど前のエジプトでは「てんびん」というはかりが使われていて、日本でも江戸時代(えどじだい)には両替(りょうがえ)をするのにはかりが使われていたんだよ。

きほん 2　たんいのしくみがわかりますか。

☆ 次の□にあてはまる数を答えましょう。

❶ 1km＝□m　❷ 1kg＝□g　❸ 1000kg＝□t　❹ 1L＝□mL

とき方 1000こ集(あつ)まると大きなたんいになります。

長さ　1km＝□m ←(1000倍)― 1m ←(100倍)― 1cm ←(10倍)― 1mm（1m ←(1000倍)― 1mm）

重さ　1t＝□kg ←(1000倍)― 1kg＝□g ←(1000倍)― 1g

かさ　1L ←(10倍)― 1dL ←(100倍)― 1mL（1L ←(1000倍)― 1mL）

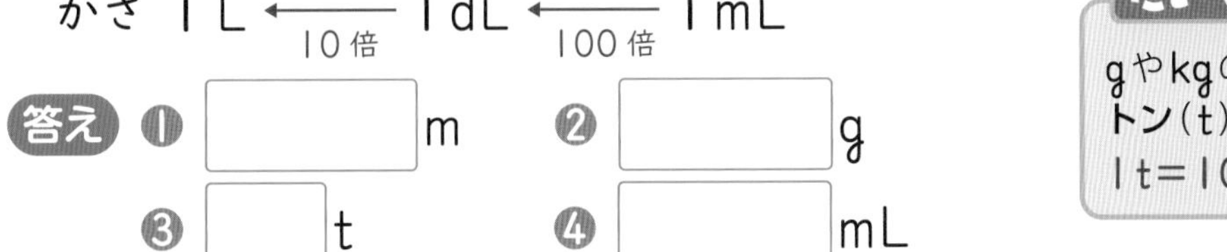

答え ❶ □m　❷ □g　❸ □t　❹ □mL

たいせつ
gやkgのほかの重さのたんいに、**トン**(t)があります。
1t＝1000kg

3 次の□にあてはまる数を書きましょう。　教科書 110ページ1 111ページ1▷

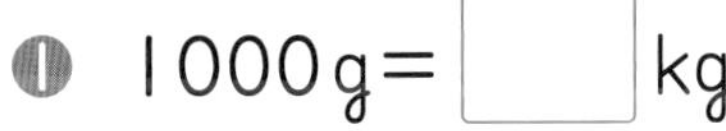

❶ 1000g＝□kg　❷ 1000mm＝□m

❸ 1000mL＝□L　❹ 0.1kg＝□g

❺ 8.3kg＝□kg□g

1kg＝1000gだから、
0.1kg＝100gになるね。

きほん 3　重さの計算ができますか。

☆ 次の計算をして、答えを何kg何gで答えましょう。

❶ 600g＋2kg300g　❷ 700g＋800g

とき方 重さは、同じたんいの重さどうしの計算をします。

❶ 600g＋2kg300g＝□kg□g

❷ 700g＋800g＝□g

答え

❶ □kg□g

❷ □kg□g

4 次の計算をしましょう。　教科書 113ページ1▷2▷

❶ 800g−400g　❷ 8kg＋15kg

❸ 4kg700g−200g　❹ 500g＋3kg800g

ポイント いままで勉強(べんきょう)したたんいには、次のようなものがあります。
長さ→mm、cm、m、km　重さ→g、kg、t　かさ→mL、dL、L

勉強した日　月　日

教科書 ㊦ 102〜115ページ　答え 19ページ

できた数　/7問中

おわったらシールをはろう

1 重さ　てんびんのかたほうにつみ木をのせて、重さを調べました。右の表を見て、問題に答えましょう。

それぞれ、つみ木何こ分の重さになっているかを調べます。

重さ調べ

はかったもの	つみ木の数
国語の教科書	7
セロハンテープ	2
筆箱	12
じしゃく	7
はさみ	9

❶ いちばん重いものは何ですか。

(　　　　)

❷ いちばん軽いものは何ですか。

(　　　　)

❸ 同じ重さのものは、何と何ですか。

つみ木の数が同じものは、同じ重さになります。

(　　　　)

❹ つみ木１こが一円玉30ことつり合いました。セロハンテープの重さは、何gですか。一円玉１この重さは、１gです。

(　　　　)

一円玉１この重さは１gだから、つみ木１こは30gになるね。

2 はかりの読み取り　皿の重さをはかったら、はかりのはりは右のようになりました。この皿にさとうをのせて重さをはかると、１kg100gになりました。のせたさとうは何gですか。

(さとうの重さ)＝(全体の重さ)－(皿の重さ)

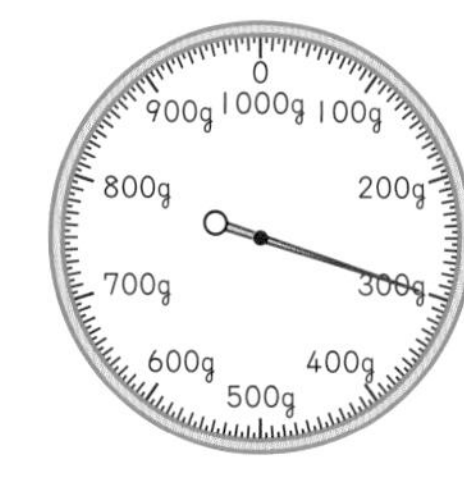

式

答え(　　　　)

はかりの使い方

1 平らなところにおく。
2 はじめに、はりが０を指すようにする。
3 目もりは、正面から正しく読む。

3 たんい　次の□にあてはまる重さのたんいを書きましょう。

❶ たけしさんの体重　28 □

❷ トラックの重さ　3 □

重さのたんい

１kg＝1000g　１t＝1000kg

できるナビ　いろいろなものの重さをはかったり、はかりの目もりを読み取ったりできるようにしよう。

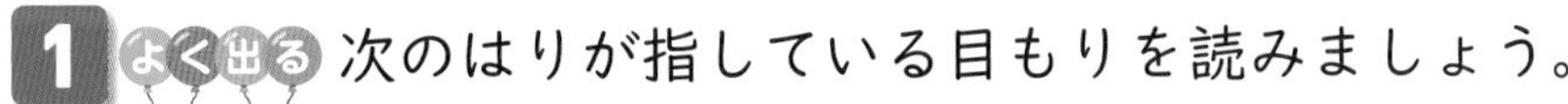

1 よく出る 次のはりが指している目もりを読みましょう。 1つ5〔20点〕

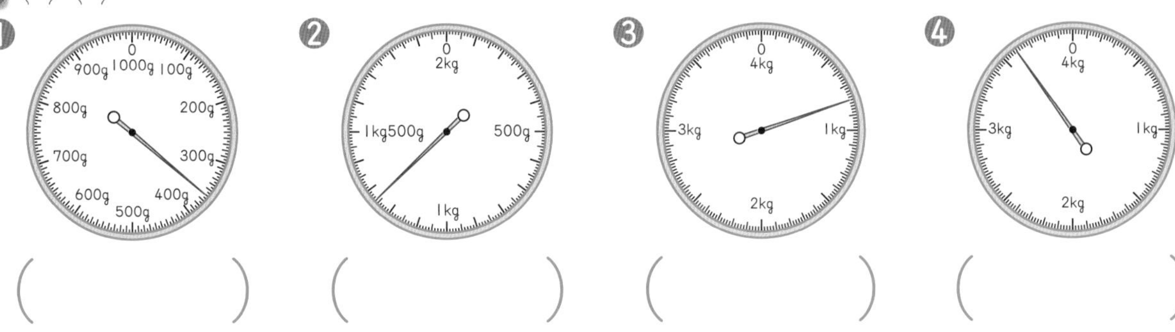

( ) ( ) ( ) ( )

2 2800g、3kg、3800g、3kg80gを、重いじゅんに答えましょう。 〔12点〕

( )

3 よく出る 次の□にあてはまる数を書きましょう。 1つ5〔40点〕

❶ 9kg=□g　❷ 7000g=□kg

❸ 1kg5g=□g　❹ 2180g=□kg□g

❺ 5t=□kg　❻ 1kg800g=□kg

❼ 43.6kg=□kg□g　❽ 水1Lは□kgです。

4 重さが350gのかごに、みかんを2kg700g入れました。全体の重さは何kg何gですか。 1つ7〔14点〕

式

答え( )

5 かばんに、350gの本を入れて重さをはかると、1kgありました。かばんの重さは何gですか。 1つ7〔14点〕

式

答え( )

□はかりの目もりを正しく読み取れたかな？
□重さの計算ができたかな？

ふろくの「計算練習ノート」22ページをやろう！

勉強した日　月　日

数のかんけいを □を使った式で表そう

きほんのワーク

もくひょう　わからない数を□として、式に表せるようになろう。

おわったら シールを はろう

教科書 (下) 120〜125ページ　答え 20ページ

きほん 1 □を使ったたし算の式に表せますか。

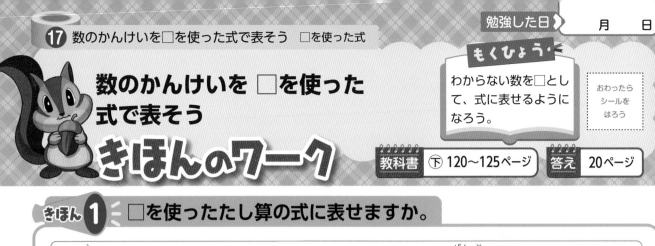

☆植え木ばちが25こあります。何こかふえたので、全部で32こになりました。ふえたはちの数を□こととして、式に表し、ふえたはちの数をもとめましょう。

とき方 図やことばの式に表して考えます。

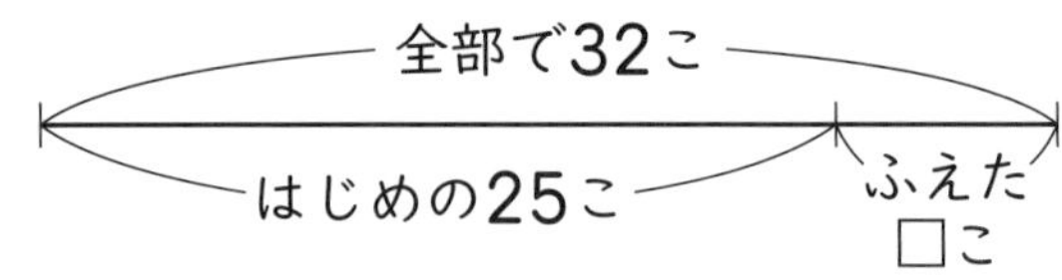

(はじめの数)+(ふえた数)=(全部の数)

式は、[　　] ＋ □ ＝ 32

□にあてはまる数は、ひき算でもとめます。

25＋□＝32

□＝32－25

□＝[　　]

答え [　　] こ

1 ぶどうを、120gのかごに入れて重さをはかったら、700gになりました。

教科書 121ページ1 122ページ1

❶ ぶどうの重さを□gとして、たし算の式に表しましょう。

(　　　　　　　)

❷ ぶどうの重さをもとめましょう。

式

答え (　　　　　)

2 バスに何人か乗っています。ていりゅう所で7人がおりたので、のこりは21人になりました。はじめに何人乗っていましたか。

教科書 123ページ2

❶ はじめに乗っていた人の数を□人として、ひき算の式に表しましょう。

(　　　　　　　)

❷ はじめに乗っていた人の数をもとめましょう。

式

答え (　　　　　)

□を使った式で、□にあてはまる数をもとめることを「逆算」というよ。意味を考えながら、□にあてはまる数のもとめ方を考えていけば、まちがえないよ。

きほん2 □を使ったかけ算の式に表せますか。

☆9人の子どもに同じ数ずつあめを配(くば)ったら、全部で72こいりました。1人分の数を□こととして、式に表し、配ったあめの数をもとめましょう。

とき方 図やことばの式に表して考えます。

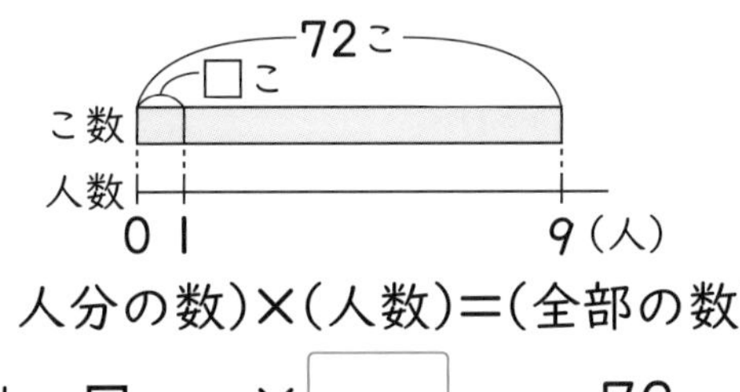

(1人分の数)×(人数)=(全部の数)

式は、□ × [ ] = 72

□にあてはまる数は、わり算でもとめます。

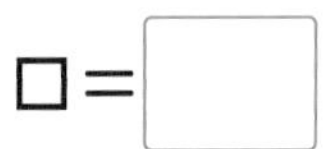

□=72÷9

□=[ ]

答え [ ] こ

3 1こ8円のチョコレートを何こか買ったら、代金(だいきん)は40円になりました。買ったチョコレートの数は何こですか。

教科書 124ページ3 1

❶ 買ったチョコレートの数を□こととして、かけ算の式に表しましょう。

(　　　　　)

❷ 買ったチョコレートの数をもとめましょう。

式

答え(　　　　　)

代金は、
(1このねだん)×
(買った数)でもと
めるね。

4 はじめさんのお母さんの年れいは32才で、はじめさんの年れいの4倍(ばい)です。

教科書 124ページ3 1

❶ はじめさんの年れいを□才として、かけ算の式に表しましょう。

(　　　　　)

❷ はじめさんの年れいをもとめましょう。

式

答え(　　　　　)

5 何こかあるみかんを10こずつふくろに入れると、7ふくろできました。全部の数を□こととして、わり算の式に表し、みかんの数をもとめましょう。

式

教科書 125ページ4

答え(　　　　　)

ポイント わからない数があるときは、その数を□として、文章のとおり、式に表すことができます。図に表したり、ことばの式で表すと、式に表しやすくなります。

おわったら シールを はろう

教科書 ㊦ 120～126ページ　答え 20ページ

1 □を使った式　次の問題に答えましょう。

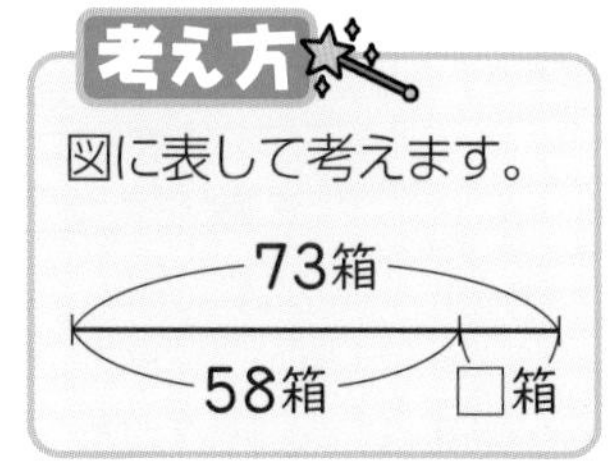

考え方
図に表して考えます。
73箱
58箱
□箱

❶ れおさんは箱を作っています。きのうまでに 58 箱作り、今日も何箱か作ったので、全部で 73 箱になりました。今日作った箱の数を□箱として、たし算の式に表し、今日作った箱の数をもとめましょう。

式（　　　　　　　　　　）

答え（　　　　　　）

❷ シールが何まいかあります。17 まいもらったので、全部で 72 まいになりました。はじめにあった数を□まいとして、たし算の式に表し、はじめにあった数をもとめましょう。

式（　　　　　　　　　　）

答え（　　　　　　）

❸ 300 円の本を買ったら、のこりは 500 円になりました。持っていたお金を□円として、ひき算の式に表し、持っていたお金をもとめましょう。

式（　　　　　　　　　　）　答え（　　　　　　）

❹ 6 このキャラメルが入った箱を何箱か買ったら、キャラメルは、全部で 54 こになりました。買った箱の数を□箱として、かけ算の式に表し、買った箱の数をもとめましょう。

式（　　　　　　　　　　）　答え（　　　　　　）

❺ 何本かのえん筆を 9 人で分けると、1 人分は 3 本になりました。全部のえん筆の数を□本として、わり算の式に表し、全部のえん筆の数をもとめましょう。

式（　　　　　　　　　　）　答え（　　　　　　）

できるナビ　□を使って式に表してから、答えをもとめていくよ。

時間 20分　とく点　/100点　おわったらシールをはろう

1 次の問題に答えましょう。　1つ9〔72点〕

❶ れいぞう庫に、たまごが何こかあります。今日、お母さんが 10 こ買ってきたので、全部で 18 こになりました。はじめの数を□ことして、たし算の式に表し、はじめのたまごの数をもとめましょう。

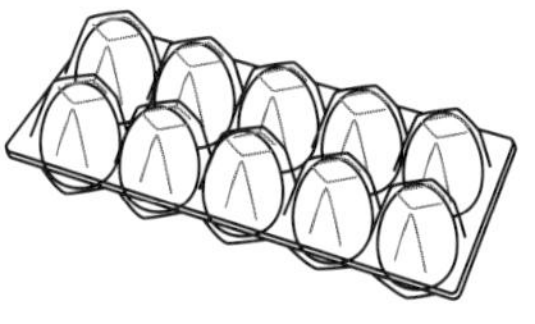

式（　　　　）

答え（　　　　）

❷ 牛にゅうを 150 mL 飲むと、のこりは 550 mL になりました。はじめのりょうを□mL として、ひき算の式に表し、はじめの牛にゅうのりょうをもとめましょう。

式（　　　　）

答え（　　　　）

❸ 同じねだんの画用紙を 4 まい買ったら、代金は 36 円になりました。画用紙 1 まいのねだんを□円として、かけ算の式に表し、画用紙 1 まいのねだんをもとめましょう。

式（　　　　）　答え（　　　　）

❹ 何こかのどんぐりを 6 こずつに分けると、9 人に分けることができました。全部の数を□ことして、わり算の式に表し、全部のどんぐりの数をもとめましょう。

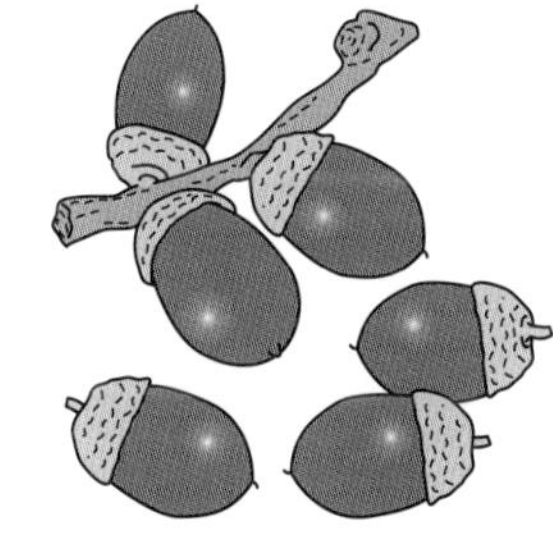

式（　　　　）

答え（　　　　）

2 次の□にあてはまる数を計算でもとめましょう。　1つ7〔28点〕

❶ 30＋□＝75　　❷ □−38＝102

❸ 8×□＝48　　❹ □÷4＝7

ふろくの「計算練習ノート」23ページをやろう！

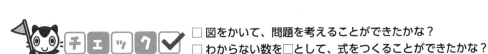

□ 図をかいて、問題を考えることができたかな？
□ わからない数を□として、式をつくることができたかな？

勉強した日 月 日

表やグラフから読み取ろう

きほんのワーク

もくひょう くふうしたグラフや表の読み取り方や、かき方を学ぼう。

おわったらシールをはろう

教科書 ㊦ 130〜133ページ　答え 21ページ

きほん1 いくつかのことがらをまとめたグラフがわかりますか。

☆3年生の１組と２組で、すきな食べものを調(しら)べました。右の２つのぼうグラフは、組ごとにすきな食べもののしゅるいとその人数を表(あらわ)したものです。

❶ １組の人数の合計は何人ですか。

❷ １組と２組をくらべて、２組の人数の方が多い食べものは何ですか。

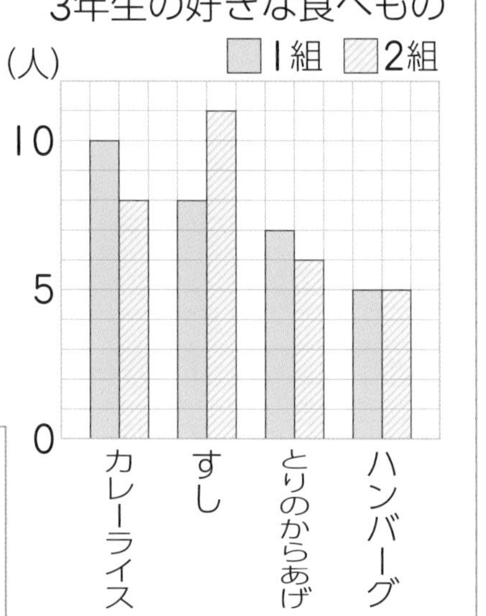

とき方 ❶ 目もりが表す大きさを読み取(と)ります。

10＋□＋□＋5＝□

❷ ２つのぼうグラフが、食べもののしゅるいごとにならんでいるので、その長さをくらべて、２組のぼうの方が長い食べものを見つけると、□です。

答え ❶ □人　❷ □

1 きほん1 のぼうグラフについて、次(つぎ)の問題(もんだい)に答えましょう。　教科書 130ページ1

❶ カレーライスがすきな人は、１組と２組を合わせて何人いますか。

(　　　)

❷ １組と２組を合わせて、いちばん人気がある食べものは何ですか。

(　　　)

❸ このグラフをもとにして、右の表(ひょう)に整理(せいり)しましょう。

❹ ２組の人数は、全部(ぜんぶ)で何人ですか。

(　　　)

❺ １組と２組を合わせた人数は、全部で何人ですか。

(　　　)

3年生の好きな食べもの(人)

しゅるい＼組	１組	２組	合計
カレーライス			
すし			
とりのからあげ			
ハンバーグ			
合　計			

いくつかのことがらを１つにまとめたグラフのべんりさをわかったうえで、表も上手にり用するようにしましょう。

まとめのテスト

教科書 ㊦130〜133ページ　答え 21ページ

とく点　/100点

おわったらシールをはろう

1 102ページ きほん1 の問題で、「すきな食べものを2しゅるい書く」というアンケートにかえて調べて、右の表に表しました。102ページではじめにえらんだ1しゅるいが、全(ぜん)員(いん)の1番目にすきな食べものとして答えましょう。　1つ17〔68点〕

3年生のすきな食べもの2つ(人)

しゅるい＼組	1組	2組	合計
カレーライス	19	21	40
すし	18	19	37
とりのからあげ	12	10	22
ハンバーグ	11	10	21
合計	60	60	120

❶ 2しゅるいえらんだとき、1組と2組を合わせて、いちばん人気がある食べものは何ですか。

(　　　　　)

❷ 102ページ❶の表と右上の表を見て、1組で2番目にカレーライスをえらんだ人数をもとめましょう。

(　　　　　)

❸ 102ページ❶の表と右上の表を見て、1組と2組それぞれの「2番目にすきな食べもの」の表を完成させましょう。

1組の2番目にすきな食べもの

しゅるい	人数(人)
カレーライス	
すし	
とりのからあげ	
ハンバーグ	
合計	30

2組の2番目にすきな食べもの

しゅるい	人数(人)
カレーライス	
すし	
とりのからあげ	
ハンバーグ	
合計	30

2 5月と6月に図書室からかりられた物語(ものがたり)とでん記の本の数を調べました。次(つぎ)のことがわかりやすいのは、右のあ、いのどちらのグラフですか。記号(きごう)で答えましょう。　1つ16〔32点〕

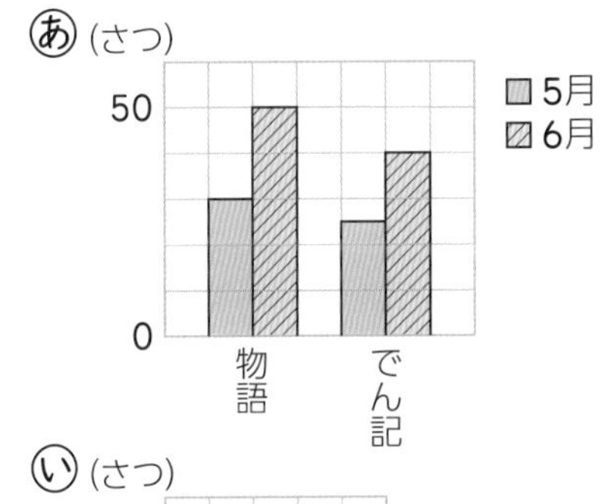

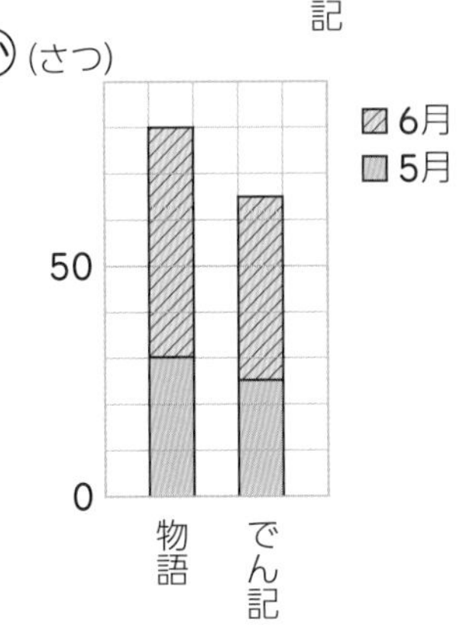

❶ 5月と6月を合わせて、多くかりられたのは、物語とでん記のどちらか。

(　　　　　)

❷ 物語が多くかりられたのは、5月と6月のどちらか。

(　　　　　)

□ならんだぼうグラフや整理した表のとくちょうがわかったかな？
□つみ上げぼうグラフのとくちょうがわかったかな？

勉強した日　月　日

① 数の表し方
② たし算とひき算
きほんのワーク

もくひょう
そろばんでたし算やひき算ができるようになろう。

おわったら シールを はろう

教科書 下 134～137ページ　答え 21ページ

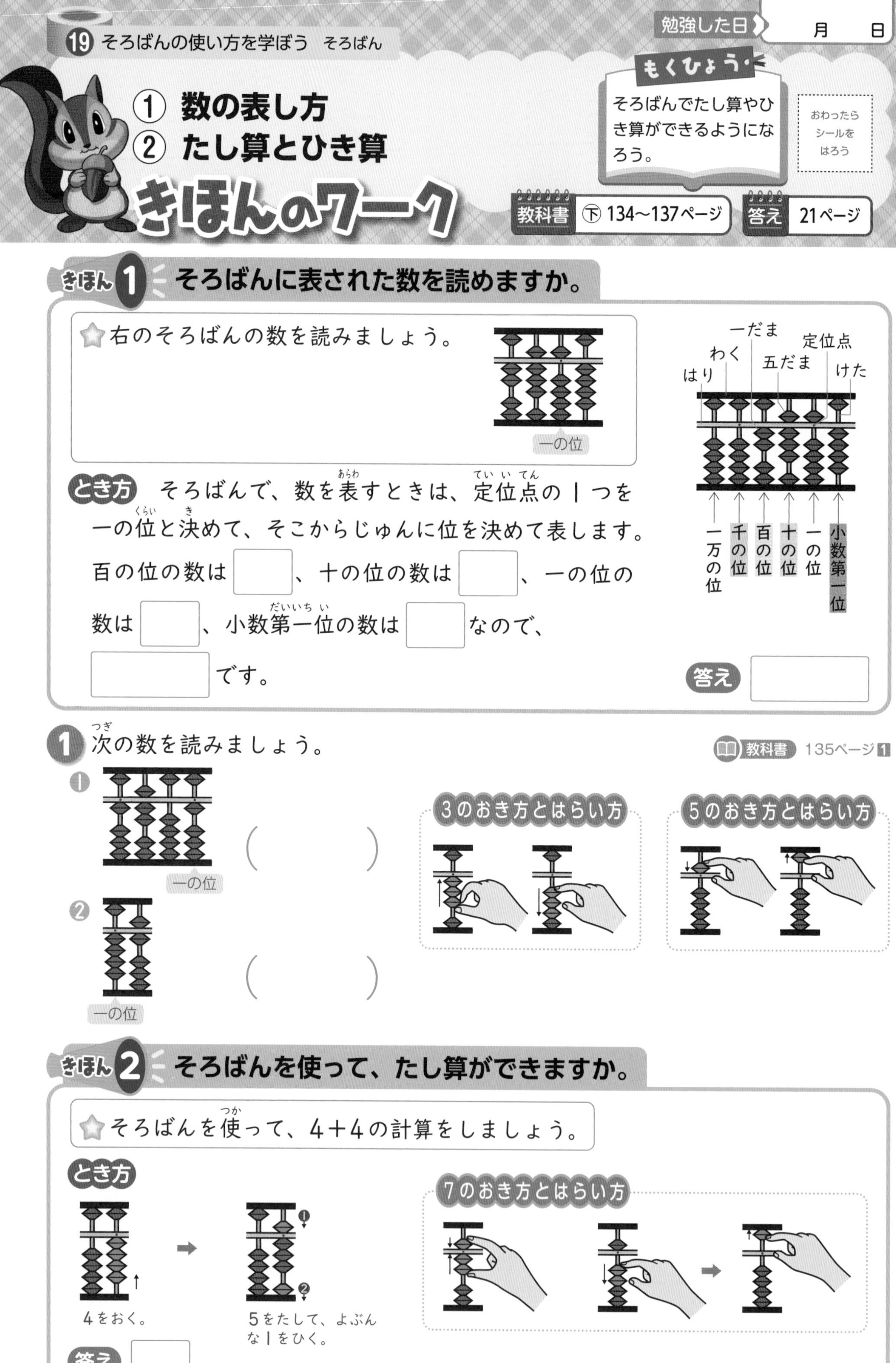

きほん 1 そろばんに表された数を読めますか。

☆右のそろばんの数を読みましょう。

とき方　そろばんで、数を表すときは、定位点の１つを一の位と決めて、そこからじゅんに位を決めて表します。

百の位の数は□、十の位の数は□、一の位の数は□、小数第一位の数は□なので、□です。

答え □

1 次の数を読みましょう。　教科書 135ページ 1

❶
（　　　）

❷
（　　　）

きほん 2 そろばんを使って、たし算ができますか。

☆そろばんを使って、4＋4の計算をしましょう。

とき方

答え □

さんすうはかせ　そろばんは世界中にいろいろあるよ。今のこっているいちばん古いそろばんは、紀元前300年ごろの「サラミスのそろばん」といわれているものだよ。

2 そろばんを使って、次の計算をしましょう。

教科書 136ページ1 137ページ1

❶ 7+2　　❷ 2+4　　❸ 9+3

❸は、3はそのままたせないので、7をひいて、10をたすんだよ。

きほん3 そろばんを使って、ひき算ができますか。

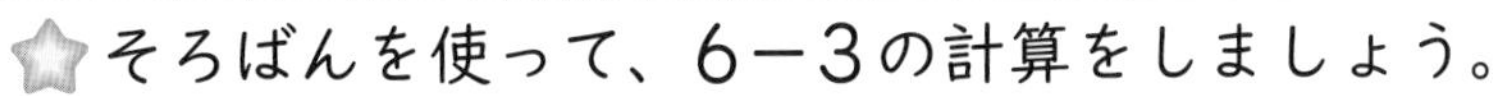

☆ そろばんを使って、6−3の計算をしましょう。

数をおくときは、人さし指と親指を、数をはらうときは、人さし指を使うよ。

とき方

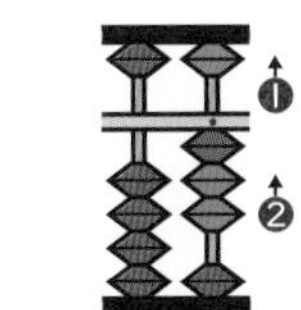

一の位

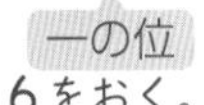

6をおく。

➡

5をひいて、ひきすぎた2をたす。

答え

3 そろばんを使って、次の計算をしましょう。

教科書 136ページ1 137ページ1

❶ 8−6　　❷ 5−4　　❸ 12−7

❸は、まず、10をひいて、ひきすぎた3をたすために、5をたして、2をひくよ。

きほん4 そろばんを使って、大きな数や小数の計算ができますか。

☆ そろばんを使って、次の計算をしましょう。

❶ 7万+9万　　❷ 1.4+0.3

とき方 ❶は7+9と同じように、❷は14+3と同じように計算します。

❶

7万をおく。　一の位

➡

1万をひいて、10万をたす。

❷

一の位
1.4をおく。

➡

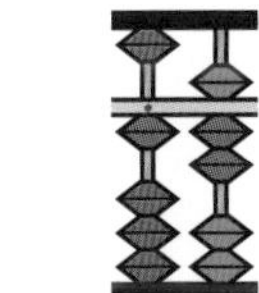

0.5をたして、よぶんな0.2をひく。

答え ❶

❷

4 そろばんを使って、次の計算をしましょう。

教科書 137ページ2 3

❶ 8万+4万　　❷ 7万−3万　　❸ 1.5+0.6　　❹ 3.5−0.9

正しいたまのおき方とはらい方をおぼえましょう。
大きな数や小数の計算も、できるようになりましょう。

勉強した日　月　日

練習のワーク

教科書 ㊦ 134～137ページ　答え 21ページ

できた数　/20問中

おわったらシールをはろう

1 そろばん　次の□にあてはまることばや数を書きましょう。

そろばんに 426.8 をおくときは、定位点に注意して、

□の位、□の位、□の位、□の

じゅんに、4、2、6、8 を入れます。

定位点のどれかを一の位と決めて、そこからじゅんに位取りをするよ。

2 そろばんの読み方　次の数を読みましょう。

❶ 一の位　(　　　)

❷ 

一の位

十の位は 0 になっています。　(　　　)

❸ 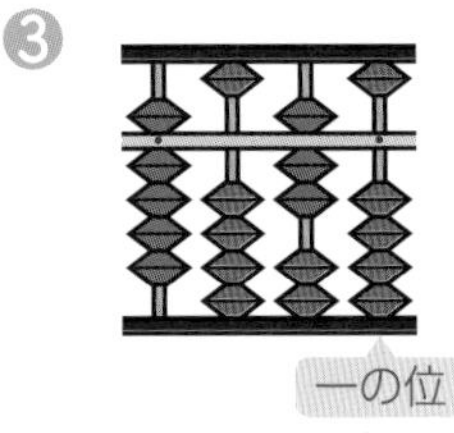

一の位

一の位と百の位は 0 になっています。　(　　　)

❹ 一の位

一の位の右は、小数第一位です。　(　　　)

数の読み方

そろばんは、一だま1つで1を表し、五だま1つで5を表します。

3 そろばんを使った計算　そろばんを使って、次の計算をしましょう。

❶ 3+2　❷ 7−2　❸ 8+9

❹ 16−8　❺ 3万+4万　❻ 9万−4万

3+4 と同じように計算します。

❼ 6万+7万　❽ 12万−3万　❾ 1.4+0.1

14+1 と同じように計算します。

❿ 0.7−0.4　⓫ 1.6+0.4　⓬ 2−0.8

できるナビ　そろばんを使って数を表したり、たし算やひき算が正しくできるようにしよう。

1 次の数を読みましょう。　1つ5〔10点〕

❶

一の位

(　　　　　)

❷

一の位

(　　　　　)

2 そろばんを使って、次の計算をしましょう。　1つ5〔60点〕

❶ 5+3　❷ 6+2　❸ 4+1

❹ 7+3　❺ 6+5　❻ 5+8

❼ 9−7　❽ 6−1　❾ 8−4

❿ 10−2　⓫ 15−3　⓬ 11−4

3 そろばんを使って、次の計算をしましょう。　1つ5〔30点〕

❶ 9万+9万　❷ 5万+6万　❸ 6万−4万

❹ 0.4+0.9　❺ 1.1−0.7　❻ 2.1−0.8

チェック✓
□ そろばんに表した数を読むことができたかな？
□ そろばんを使って、たし算やひき算ができたかな？

勉強した日　月　日

まとめのテスト①

時間20分　とく点　/100点　おわったらシールをはろう

教科書 ㊦ 138〜140ページ　答え 21ページ

1 次の□にあてはまる数や不等号を書きましょう。 1つ4〔32点〕

❶ 8362000 の十万の位の数字は □ です。

❷ 510000 は 1 万を □ こ集めた数です。

❸ 270 を 10 倍した数は □ で、10 でわった数は □ です。

❹ 2.9 は、1 を 2 こと 0.1 を □ こ合わせた数です。

❺ 1.7 L は、0.1 L が □ こ分のかさです。

❻ $\frac{1}{9}$ m の □ こ分の長さは、1 m に等しい長さです。

❼ 0.6 □ $\frac{7}{10}$

2 次の計算をしましょう。 1つ4〔48点〕

❶ 328＋574　❷ 902－368　❸ 315×8　❹ 74×28

❺ 84÷2　❻ 52÷6　❼ 4.8＋5.2　❽ 7＋4.6

❾ 9.1－6.3　❿ 8－2.7　⓫ $\frac{5}{9}+\frac{3}{9}$　⓬ $\frac{3}{4}-\frac{2}{4}$

3 1こ85円のおかしを12こ買います。全部で何円になりますか。 1つ5〔10点〕

式

答え（　　　　）

4 あめを同じ数ずつ8つのふくろに入れたら、全部で72こいりました。1つのふくろに入れたあめの数を□ことして、全部のあめの数をもとめる式を書いて、1つのふくろに入れたあめの数をもとめましょう。 1つ5〔10点〕

式

答え（　　　　）

□大きい数のしくみがわかったかな？
□小数・分数の計算や、わり算ができたかな？

1 次の□にあてはまる数を書きましょう。　1つ7〔42点〕

❶ 3km800m＝□m　❷ 4070m＝□km□m

❸ 1分12秒（びょう）＝□秒　❹ 89秒＝□分□秒

❺ 5570g＝□kg□g　❻ 1t＝□kg

2 次の時間や時こくをもとめましょう。　1つ8〔24点〕

❶ 午前8時30分から午前10時までの時間。　（　　　）

❷ 午後3時30分の45分後の時こくと、45分前の時こく。

45分後の時こく（　　　）　45分前の時こく（　　　）

3 次のはりが指（さ）している目もりは、何gですか。　1つ7〔14点〕

❶

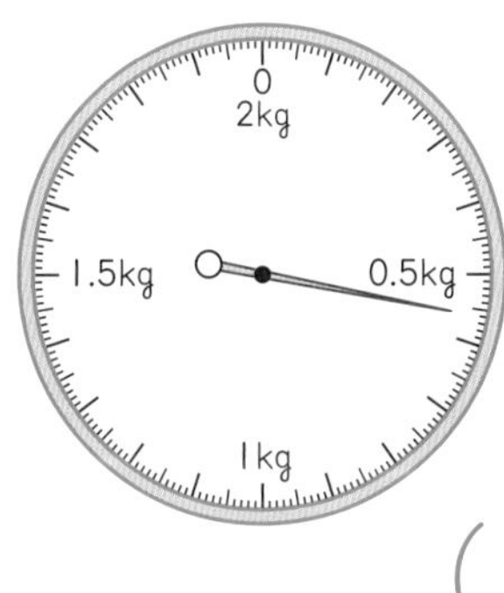

（　　　）

❷

（　　　）

4 まきさんとお母さんは買いものに行って、380gのにんじんと、560gの玉ねぎと、800gのみかんを買って帰りました。買ったものの重（おも）さは、全部で何kg何gですか。　1つ10〔20点〕

式

答え（　　　）

□時間や長さ・重さのたんいがわかったかな？
□問題（もんだい）に合う重さのたんいで、答えをもとめることができたかな？

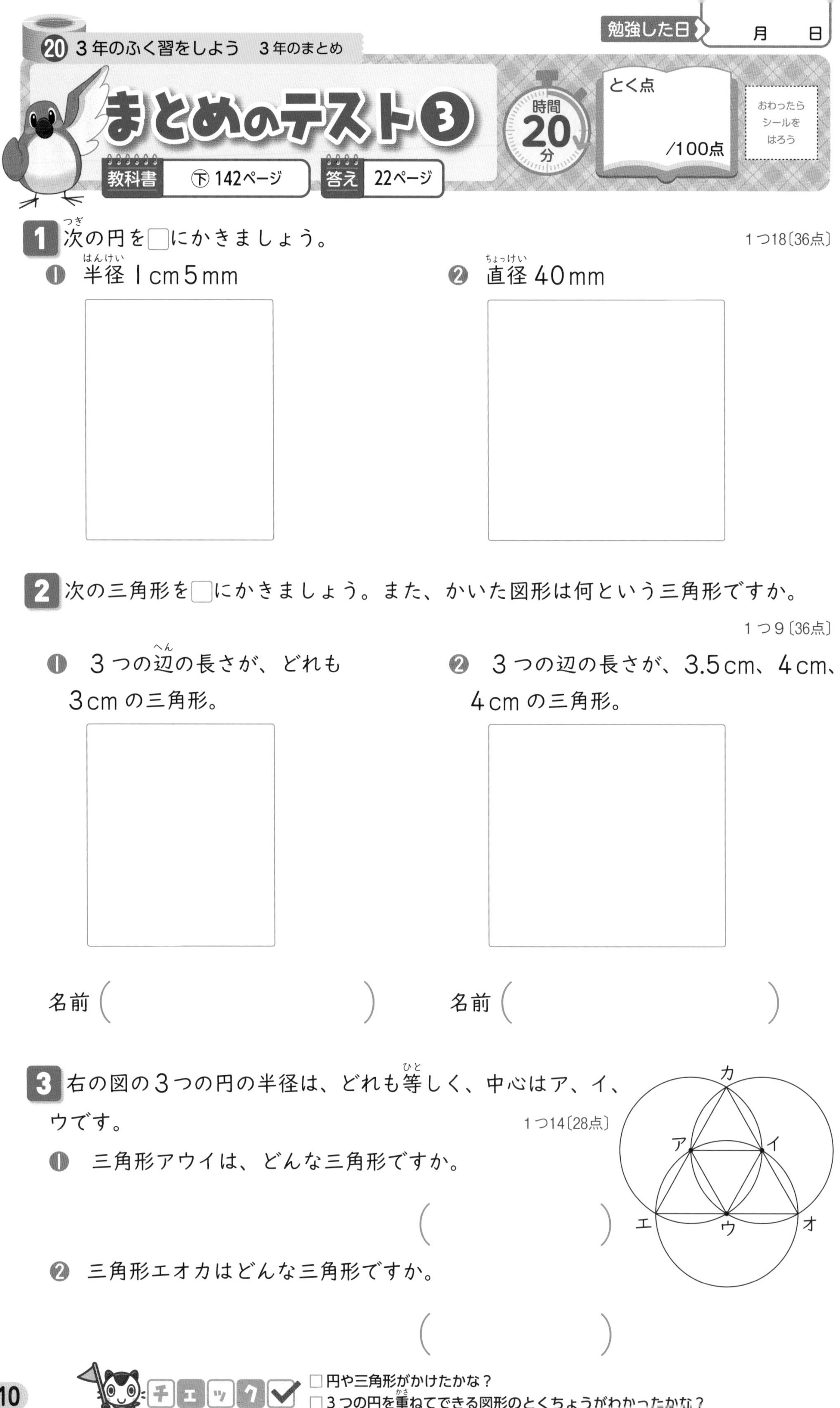

まとめのテスト③

勉強した日　月　日

時間20分　とく点　/100点　おわったらシールをはろう

教科書 下 142ページ　答え 22ページ

1 次の円を□にかきましょう。　1つ18〔36点〕

❶ 半径 1cm5mm

❷ 直径 40mm

2 次の三角形を□にかきましょう。また、かいた図形は何という三角形ですか。　1つ9〔36点〕

❶ 3つの辺の長さが、どれも3cmの三角形。

名前（　　　）

❷ 3つの辺の長さが、3.5cm、4cm、4cmの三角形。

名前（　　　）

3 右の図の3つの円の半径は、どれも等しく、中心はア、イ、ウです。　1つ14〔28点〕

❶ 三角形アウイは、どんな三角形ですか。

（　　　）

❷ 三角形エオカはどんな三角形ですか。

（　　　）

チェック
□円や三角形がかけたかな？
□3つの円を重ねてできる図形のとくちょうがわかったかな？

まとめのテスト④

時間 20分　とく点 /100点　おわったらシールをはろう

教科書 ㊦ 143ページ　答え 22ページ

1 次の表は、まどかさんの組の全員が１人１つずつすきな動物を書いたものです。

❶❷１つ34、❸❹１つ8〔100点〕

うさぎ	ねこ	犬	犬	ライオン
ねこ	ライオン	犬	ねこ	ペンギン
ライオン	うさぎ	ねこ	ラッコ	ライオン
ねこ	犬	馬	犬	ねこ
犬	犬	犬	ねこ	ねこ
犬	うさぎ	ライオン	コアラ	うさぎ

❶ すきな動物べつの人数を、表に書いて整理しましょう。

すきな動物べつの人数　(人)

しゅるい		うさぎ	ねこ	犬	ライオン	その他
人数	正の字で					
	数字で					

❷ ❶の表を、ぼうグラフに表しましょう。

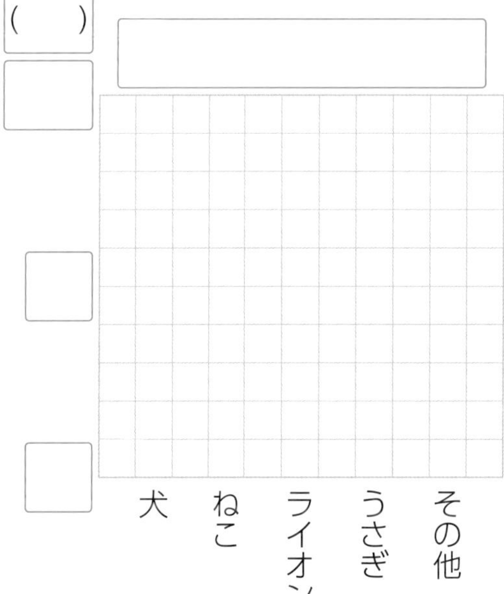

❸ ねこがすきな人は、うさぎがすきな人の何倍いますか。

式

答え（　　　　）

❹ まどかさんの組は、全部で何人いますか。

式

答え（　　　　）

チェック
□ 調べたことをわかりやすく表に整理することができたかな？
□ ぼうグラフをかくことができたかな？

ふろくの「計算練習ノート」28～29ページをやろう！

勉強した日　月　日

学びのワーク　プログラミングのプ

おわったらシールをはろう

教科書 下 144～145ページ　答え 22ページ

きほん1　めいれいカードの通りにこまを動かすことができますか。

☆右のシートのスタートからこまを動かします。次のめいれいをしたとき、こまはどの数字の上にありますか。こまは、向いている方向にそって動き、スタートでは①の方向を向いているものとします。

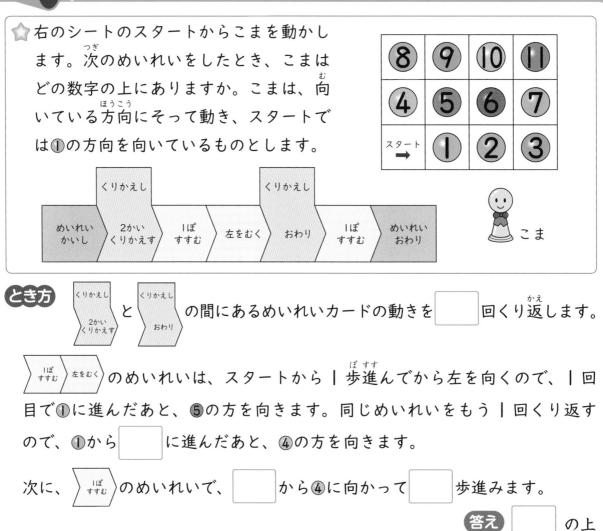

⑧	⑨	⑩	⑪
④	⑤	⑥	⑦
スタート➡	①	②	③

めいれいかいし → くりかえし 2かいくりかえす → 1ぽすすむ → 左をむく → くりかえし おわり → 1ぽすすむ → めいれいおわり

こま

とき方 くりかえし 2かいくりかえす と くりかえし おわり の間にあるめいれいカードの動きを□回くり返します。

1ぽすすむ 左をむく のめいれいは、スタートから1歩進んでから左を向くので、1回目で①に進んだあと、⑤の方を向きます。同じめいれいをもう1回くり返すので、①から□に進んだあと、④の方を向きます。

次に、1ぽすすむ のめいれいで、□から④に向かって□歩進みます。

答え □の上

1 きほん1で、めいれいカードを次のようにならべたとき、こまはどの数字の上にありますか。　教科書 144～145ページ

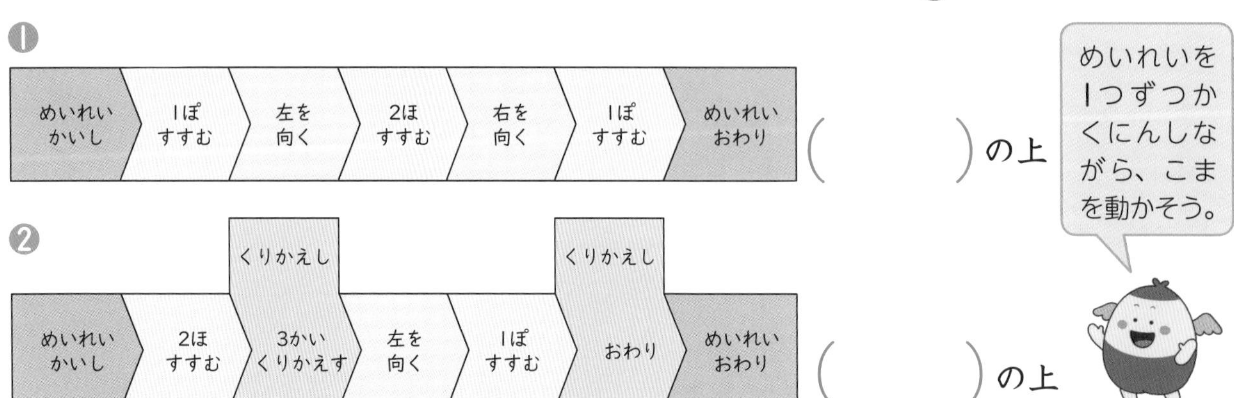

❶ めいれいかいし → 1ぽすすむ → 左を向く → 2ほすすむ → 右を向く → 1ぽすすむ → めいれいおわり　（　　）の上

❷ めいれいかいし → 2ほすすむ → くりかえし 3かいくりかえす → 左を向く → 1ぽすすむ → くりかえし おわり → めいれいおわり　（　　）の上

めいれいを1つずつかくにんしながら、こまを動かそう。

ポイント くり返しのカードを使うと、使うカードのまい数をへらせます。また、こまを動かすときに同じ動きをすればよいので、まちがいがへります。くり返す回数に注意しましょう。

教科書ワーク 答えとてびき

学校図書版 算数 3年

使い方
まちがえた問題は、もういちどよく読んで、なぜまちがえたのかを考えましょう。正しい答えを知るだけでなく、なぜそうなるかを考えることが大切です。

1 かけ算のきまりを見つけて九九を広げよう

2・3ページ きほんのワーク

きほん1 5、3、3、3　答え 3、3、3

1 ❶ 4、4　❷ 5、5

2 ❶ 4　❷ 4　❸ 5　❹ 5
❺ 6　❻ 4

3 ❶ 9　❷ 3　❸ 2　❹ 3
❺ 9　❻ 2

きほん2 答え 18、4、36、54
5、30、24、54

4 ❶ 24、4、32、56
❷ 32、5、40、72
❸ 5、40、16、56
❹ 7、56、16、72

てびき 2 ❶～❹かける数と答えのきまりを使います。
❶ かける数が1ふえているので、□にあてはまる数はかけられる数の4になります。
❷ かける数が1へっているので、□にあてはまる数はかけられる数の4になります。
❺❻ 交かんのきまりを使います。
4 分配のきまりを使います。
❶ かけられる数の7を3と4に分けて計算します。
❷ かけられる数の9を4と5に分けて計算します。
❸ かける数の7を5と2に分けて計算します。
❹ かける数の9を7と2に分けて計算します。

4・5ページ きほんのワーク

きほん1 6、12、6、12　答え 12

1 ❶ (2×2)×4　❷ 2×(2×4)
❸ 16まい

2 ❶ 16　❷ 16

きほん2 0、0　答え 0、0

3 ❶ 0　❷ 0　❸ 0　❹ 0

きほん3 3、8　答え 3、3、30、6、24、30

4 ❶ 90　❷ 50　❸ 100

5 式 10×6=60　答え 60こ

てびき 1 先に考える部分に(　)を使って、1つの式に表します。
❶ 全部の数は、(1人分の数)×(人数)でもとめるので、式は(2×2)×4です。
❷ 全部の数は、(1たばの数)×(配るたばの数)でもとめるので、式は2×(2×4)です。
4 ❶ 《1》 9×10=9×9+9=81+9=90
《2》(れい) 9×10＜ 9×2=18 / 9×8=72　合わせて 90
❷ 10×5を5×10にして、計算します。
《1》 5×10=5×9+5=45+5=50
《2》(れい) 5×10＜ 5×2=10 / 5×8=40　合わせて 50
❸ かけ算のきまりから、10のだんのかけ算では、かける数が1ふえると、答えは、10ずつふえるので、10×1=10、10×2=20、…、10×10=100となります。
5 全部の数は、(1人分の数)×(人数)でもとめます。

6ページ 練習のワーク

❶ ❶ 4、32　❷ 8、32　❸ 8、32
❷ ❶ 10、6、30、40
❷ 4、12、24、36
❸ 6、4、12、18
❹ 5、20、8、28
❸ ❶ 2、8、24　❷ 2、6、24
❹ ❶ 0　❷ 0
❺ ❶ 40　❷ 20　❸ 50　❹ 70

たしかめよう!

❶❶ かけ算では、かけられる数とかける数を入れかえて計算しても、答えは同じになります。
❷ かけ算では、かける数が1ふえると、答えは、かけられる数だけふえます。
❸ かけ算では、かける数が1へると、答えは、かけられる数だけへります。
❷ かけ算では、かける数やかけられる数を分けて計算しても、答えは同じになります。
❸ かけ算では、かけるじゅんじょをかえて計算しても、答えは同じになります。
❹ どんな数に0をかけても、0にどんな数をかけても、答えは0になります。

7ページ まとめのテスト

1 ㋐ 35　㋑ 24　㋒ 48
㋓ 63　㋔ 8　㋕ 20
2 ❶ 8　❷ 9　❸ 6
❹ 4　❺ 2、10、60
❻ 2、14、56、70
3 (れい)
❶ 1まい4円のおり紙を0まい買います。代金は全部で何円ですか。
❷ 8人に10まいずつカードを配ります。カードは全部で何まいいりますか。
4 式 3×0=0
2×3=6
1×2=2
0×5=0
0+6+2+0=8　答え 8点

てびき 1 ❶ 27　36　45（9　9）
9ずつふえる→9のだんの九九
㋐は7のだんの九九→28+7=35
㋑は8のだんの九九→32−8=24
❷ 35　40　45（5　5）
5ずつふえる→5のだんの九九
㋒は6のだんの九九→42+6=48
㋓は7のだんの九九→56+7=63
❸ 12　15　18（3　3）
3ずつふえる→3のだんの九九
㋔は2のだんの九九→10−2=8
㋕は4のだんの九九→16+4=20
2 ❻ かける数の10を、2と8に分けて計算します。

② 時こくや時間をもとめて生活にいかそう

8・9ページ きほんのワーク

きほん1 10、20、9、9、20、40、15、9、20
答え 9、20　55
❶ ❶ 午後2時20分
❷ 1時間20分(80分)
きほん2 20、25、9、40　答え 9、40
❷ ❶ 午前7時50分
❷ 午後1時40分
きほん3 75、75、1、15　答え 1、15
❸ ❶ 1時間30分
❷ 2時間10分

てびき ❶ 時計を線にした図で考えます。
❶
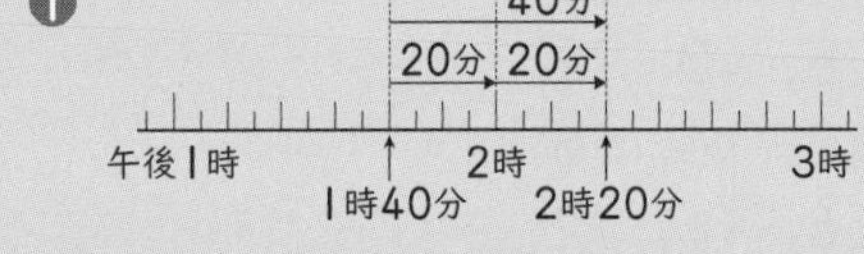

❷

❷ 時計を線にした図で考えます。
❶
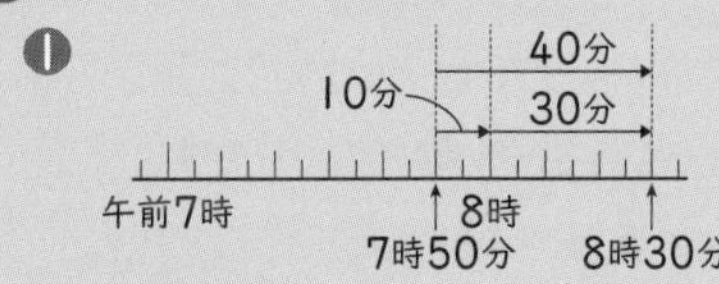

❷
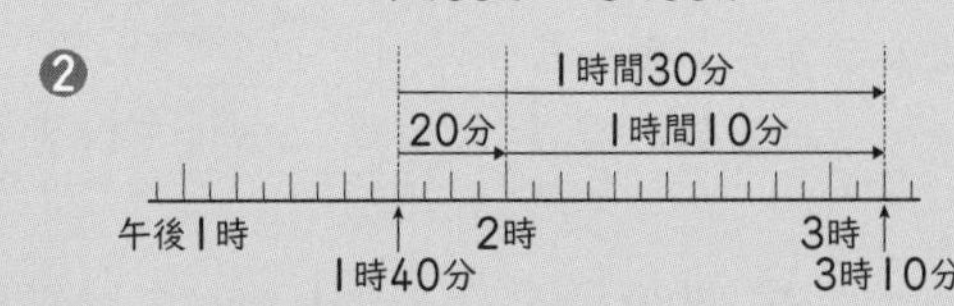

❸ ❶ 40分+50分=90分
90分=1時間30分
❷ 25分+45分=70分
70分=1時間10分だから、2時間10分になります。

10・11 ページ　きほんのワーク

きほん1　一、40、1　　答え 1、40

1　午前 10 時 5 分

2　❶ 1 時間 40 分　　❷ 午後 4 時 25 分

きほん2　20、60　　答え 1、20、120

3　❶ 1、30　　❷ 2、15
❸ 70　　❹ 108
❺ 240

4　❶ 1 分　　❷ 1 分 20 秒
❸ 2 分 10 秒　　❹ 200 秒

5　❶ 50 分 55 秒　　❷ 17 分 12 秒

てびき　**1** あとの時こくをもとめるときも、筆算が使えます。

　6 時 50 分
＋3　 15
　9 時 65 分

65 分＝1 時間 5 分だから、午前 10 時 5 分になります。

2 計算は、筆算でできます。1 時間は 60 分なので、1 時間をくり下げて計算したり、60 分を時間のたんいに 1 くり上げたりします。

❶
　8　 60
　9̸ 時 2̸0 分
−7　 40
　1 時 40 分

❷
　1 時 35 分
＋2　 50
　3 時 85 分

85 分＝1 時間 25 分だから、午後 4 時 25 分になります。

3 1 分＝60 秒です。

❶ 90 秒＝60 秒＋30 秒＝1 分 30 秒
❷ 135 秒＝60 秒＋60 秒＋15 秒
＝2 分 15 秒
❸ 1 分 10 秒＝60 秒＋10 秒＝70 秒
❹ 1 分 48 秒＝60 秒＋48 秒＝108 秒
❺ 4 分＝60 秒＋60 秒＋60 秒＋60 秒
＝240 秒

4 秒か何分何秒にそろえて考えます。

5 短い時間の計算も、筆算でできます。

❶
　18 分 30 秒
＋32　 25
　50 分 55 秒

❷
　41　 60
　4̸2̸ 分　4 秒
−24　 52
　17 分 12 秒

12 ページ　練習のワーク

1　❶ 午前 10 時 20 分
❷ 午後 7 時 8 分

2　50 分

3　❶ 午前 8 時 45 分
❷ 午後 5 時 35 分

4　❶ 1 時間 5 分
❷ 午前 10 時 20 分

5　❶ 60　　❷ 1、50
❸ 2　　❹ 170
❺ 220　　❻ 300

てびき　**1**〜**3** 図や筆算を使って考えます。

1❶

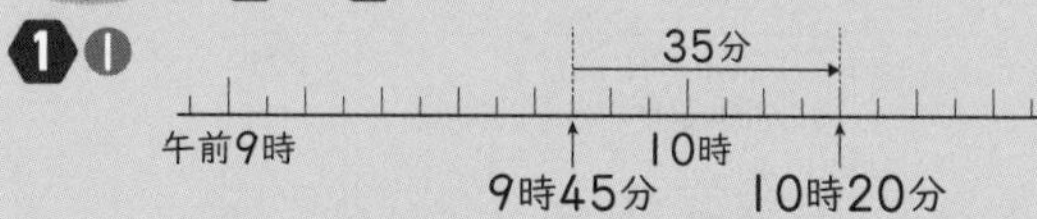

❷
　5 時 38 分
＋1　 30
　6 時 68 分

68 分＝1 時間 8 分だから、午後 7 時 8 分になります。

2

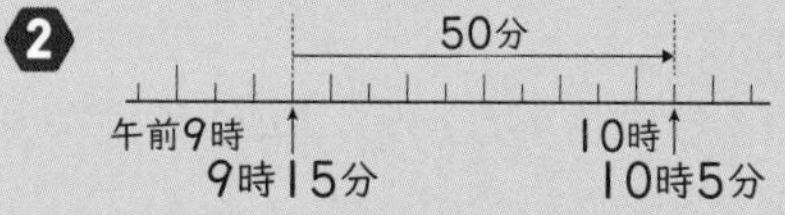

3❶

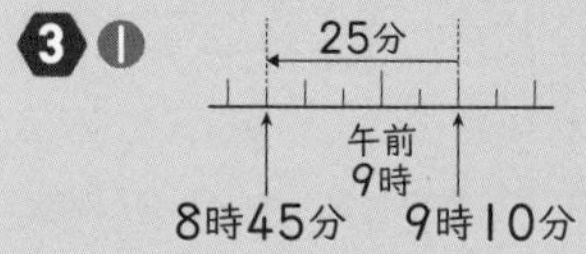

❷
　6　 60
　7̸ 時 2̸0 分
−1　 45
　5 時 35 分

4❶ 23分＋42分＝65分だから、
1 時間 5 分です。
❷ 65分＋25分＝90分
より、1 時間 30 分だから、
右のように計算します。
80 分＝1 時間 20 分だから、
午前 10 時 20 分になります。

　8 時 50 分
＋ 1　 30
　9 時 80 分

5❷ 110 秒＝60 秒＋50 秒＝1 分 50 秒
❸ 120 秒＝60 秒＋60 秒＝2 分
❹ 2 分 50 秒＝60 秒＋60 秒＋50 秒
＝170 秒
❺ 3 分 40 秒＝60 秒＋60 秒＋60 秒＋40 秒
＝220 秒
❻ 5 分＝60 秒＋60 秒＋60 秒＋60 秒
＋60 秒＝300 秒

13ページ まとめのテスト

1 ❶ 時間　❷ 秒　❸ 時間
❹ 分　❺ 分

2 ❶ 午後３時10分
❷ 午前10時40分

3 午前９時40分

4 ❶ 90秒、１分40秒、２分、140秒
❷ １分、１分12秒、82秒、112秒

てびき **2** ❶

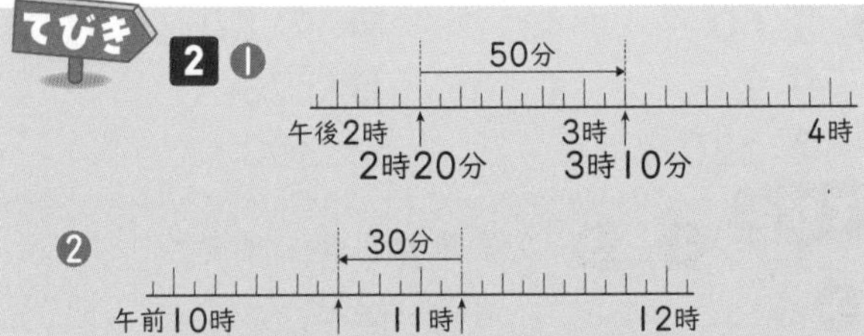

3 15分＋30分＝45分
より、午前10時25分の45分前の時こくをもとめます。筆算は右のようになります。

```
   9    60
  10時 25分
−      45
  9時  40分
```

4 ❶ 秒にそろえると、１分40秒＝100秒、２分＝120秒だから、短いじゅんにならべると、90秒、100秒、120秒、140秒になります。
❷ 何分何秒にそろえると、82秒＝１分22秒、112秒＝１分52秒だから、短いじゅんにならべると、１分、１分12秒、１分22秒、１分52秒になります。

３ 同じ数ずつ分ける計算のしかたを考えよう

14・15ページ きほんのワーク

きほん**1** 4、12、3、4　答え 4

1 ❶ 18÷3
❷ 8÷4

きほん**2** 24、24、4　答え 4

2 式 42÷7＝6　答え 6こ

3 ❶ だん 2のだん　答え 8
❷ だん 5のだん　答え 6
❸ だん 4のだん　答え 9

4 (れい)
・色紙が20まいあります。5人で同じ数ずつ分けると、1人分は、何まいになりますか。
・色紙が20まいあります。1人に5まいずつ分けると、何人に分けられますか。

きほん**3** 24、24、4　答え 4

5 式 54÷9＝6　答え 6ふくろ

てびき **2** 1人分の数をもとめるときは、わり算で計算するので、式は42÷7です。42÷7の答えは、□×7＝42の□にあてはまる数なので、□×7＝7×□だから、7のだんの九九を使ってもとめます。
5 いくつ分の数をもとめるときは、わり算で計算するので、式は54÷9です。54÷9の答えは、9×□の□にあてはまる数なので、9のだんの九九を使ってもとめます。

16・17ページ きほんのワーク

きほん**1** 8、4、8、4、2　答え 2、2

1 (れい)
・12本の花を、4人に同じ数ずつ分けます。1人分は、何本ですか。
・12本の花を、1人に4本ずつ分けると、何人に分けられますか。

きほん**2** 答え 4、0

2 ❶ 式 6÷6＝1　答え 1こ
❷ 式 0÷6＝0　答え 0こ

3 式 5÷1＝5　答え 5こ

4 ❶ 1　❷ 0　❸ 6

きほん**3** 6、20、10、10、20、20　答え 20

5 ❶ 20　❷ 10

きほん**4** 11、10、1、10、1、11、11　答え 11

6 ❶ 14　❷ 21

てびき **5** ❶ 40は、10のまとまりが4こだから、40÷2は10が(4÷2)こです。
❷ 80は、10のまとまりが8こだから、80÷8は10が(8÷8)こです。
6 ❶ 28を20と8に分けて考えると、20÷2＝10、8÷2＝4より、10＋4＝14
❷ 84を80と4に分けて考えると、80÷4＝20、4÷4＝1より、20＋1＝21

18ページ 練習のワーク❶

1 式 35÷7＝5　答え 5こ

2 式 40÷5＝8　答え 8人

3 ❶ 式 32÷8＝4　答え 4こ
❷ 式 32÷8＝4　答え 4人

4 ❶ 7　❷ 1　❸ 0

5 ❶ 10　❷ 31

てびき ❺❶ 20は、10のまとまりが2こだから、20÷2は10が(2÷2)こです。
❷ 93を90と3に分けて考えると、90÷3=30、3÷3=1より、30+1=31

19ページ 練習のワーク❷

❶ 式 21÷3=7 答え 7こ
❷ 式 72÷9=8 答え 8人
❸ ❶ 式 42÷6=7 答え 7dL
❷ 式 42÷6=7 答え 7人
❹ ❶ 8 ❷ 1 ❸ 0
❺ ❶ 20 ❷ 22

てびき ❺❶ 60は、10のまとまりが6こだから、60÷3は10が(6÷3)こです。
❷ 44を40と4に分けて考えると、40÷2=20、4÷2=2より、20+2=22

20ページ まとめのテスト❶

1 ❶ 6 ❷ 5 ❸ 7 ❹ 3
❺ 8 ❻ 9 ❼ 6 ❽ 8
❾ 0 ❿ 1 ⓫ 10 ⓬ 21
2 式 72÷8=9 答え 9ページ
3 式 48÷6=8 答え 8たば
4 式 49÷7=7 答え 7まい

てびき 2 □×8=72の□にあてはまる数をもとめます。

21ページ まとめのテスト❷

1 ❶ 6 ❷ 8 ❸ 2 ❹ 0
❺ 10 ❻ 11
2 ❶ 6 ❷ 7 ❸ 5
3 式 24÷4=6 答え 6本
4 式 16÷2=8 答え 8こ
5 式 45÷5=9
10×9=90 答え 90円

倍の計算

22・23ページ 学びのワーク

きほん1 2、18 答え 18
❶ ❶ 式 4×5=20 答え 20cm
❷ 式 6×5=30 答え 30dL
きほん2 わり、5、5、4、4 答え 4
❷ ❶ 0、1、4 ❷ 4倍
きほん3 3 答え 3
❸ 式 16÷2=8 答え 8倍
❹ 式 15÷3=5 答え 5倍

④ 3けたの筆算のしかたを考えよう

24・25ページ きほんのワーク

ふくしゅう ❶ 76 ❷ 121
きほん1 352、235
5、8、7 答え 587
❶ 式 415+174=589 答え 589円

```
  415
+ 174
  589
```

きほん2 1、3➡1、3➡8 答え 833
❷ ❶ 562 ❷ 535
❸ 945 ❹ 1133
ふくしゅう ❶ 78 ❷ 59
きほん3 325、158
1、7➡2、6➡1 答え 167
❸ 式 478−125=353 答え 353人

```
  478
- 125
  353
```

❹ ❶ 309 ❷ 234
❸ 283 ❹ 279

26・27ページ きほんのワーク

きほん1 8➡2、1 答え 218
❶ ❶ 158 ❷ 299 ❸ 636
❹ 852
きほん2 5➡1、5➡1、3➡7 答え 7355
❷ ❶ 5897 ❷ 8247 ❸ 5231
❹ 7832 ❺ 8501 ❻ 10000
きほん3 3➡6➡4➡1 答え 1463
❸ ❶ 2182 ❷ 219 ❸ 1890
❹ 776 ❺ 1759 ❻ 6792

28・29ページ きほんのワーク

きほん1 2、868、2、202 答え 868、202
❶ ❶ 3、3、300、337 答え 637
❷ 3、3、403、300 答え 103
❷ ❶ 778 ❷ 698 ❸ 505
❹ 206
きほん2 279、279、379 答え 379
❸ ❶ 386 ❷ 853 ❸ 1596
きほん3 80、94、8、38 答え 94、38
❹ ❶ 71 ❷ 66 ❸ 58
❹ 34

てびき ②

❶ 580+198
ひく2↓ ↓たす2
578+200=778

❷ 399+299
たす1↓ ↓ひく1
400+298=698

❸ 1000−495
たす5↓ ↓たす5
1005−500=505

❹ 300−94
たす6↓ ↓たす6
306−100=206

③❶ 286+78+22=286+(78+22)
=286+100=386
❷ 349+453+51=349+51+453
=(349+51)+453=400+453=853
❸ 127+596+873=127+873+596
=(127+873)+596
=1000+596=1596

④❶ 20+40=60、3+8=11 より、
60+11=71
❸ 87−20=67、67−9=58

30ページ 練習のワーク

❶ ❶ 909　❷ 903　❸ 607
❹ 196

❷ ❶ 5383　❷ 9511　❸ 3738
❹ 6454

❸ ❶ 1120　❷ 149　❸ 6762
❹ 7941

❹ 式 346+157=503　答え 503まい

❺ 式 7248−3657=3591　答え 3591こ

③❶
```
  511
+609
 1120
```
❷
```
  903
−754
  149
```
❸
```
  3825
+2937
  6762
```
❹
```
  8000
−   59
  7941
```
④ 赤い色紙のまい数 +157 でもとめます。

⑤ はじめの数 − 運び出した数 でもとめます。

たしかめよう!

たし算やひき算の筆算は、たてに位をそろえて書いて、一の位からじゅんに、くり上がりやくり下がりに気をつけて、計算します。

31ページ まとめのテスト

1 ❶ 1150　❷ 79　❸ 276

2 ❶ 1744　❷ 2431　❸ 4760
❹ 1186　❺ 5186　❻ 5174

3 ❶ 902　❷ 4048

4 式 1000−624=376　答え 376円

5 ❶ 式 1755+2352=4107　答え 4107まい
❷ 式 2352−1755=597　答え 597まい

てびき

3❶ 405+497
ひく3↓ ↓たす3
402+500=902

❷ 25+3948+75=25+75+3948
=(25+75)+3948
=100+3948=4048

4 のこりをもとめるので、ひき算で計算します。

5❶ 合計をもとめるので、たし算で計算します。
❷ ちがいをもとめるので、ひき算で計算します。

5 調べたことをわかりやすくまとめよう

32・33ページ きほんのワーク

きほん1 正、その他　答え

ペット調べ

しゅるい	数(ひき)
犬	9
金魚	6
小鳥	4
ねこ	7
ハムスター	3
その他	2
合計	31

❶ ❶ すきなくだもの調べ

しゅるい	人数(人)	
いちご	正	5
メロン	F	3
りんご	T	2
さくらんぼ	F	3
その他	T	2
合計	15	

❷ いちご
❸ ぶどう、バナナ

きほん2 ノート、10、110　答え ノート、110

❷ ❶ 1人　❷ 7人　❸ 水曜日

❸ ❶ 100円、800円
❷ 2m、14m

てびき ❶ しゅるいごとに数を数えるときは、「正」の字を使うとべんりです。

たしかめよう!

ぼうグラフで表すと、数の大小がわかりやすくなります。

34・35 ページ きほんのワーク

きほん1 答え

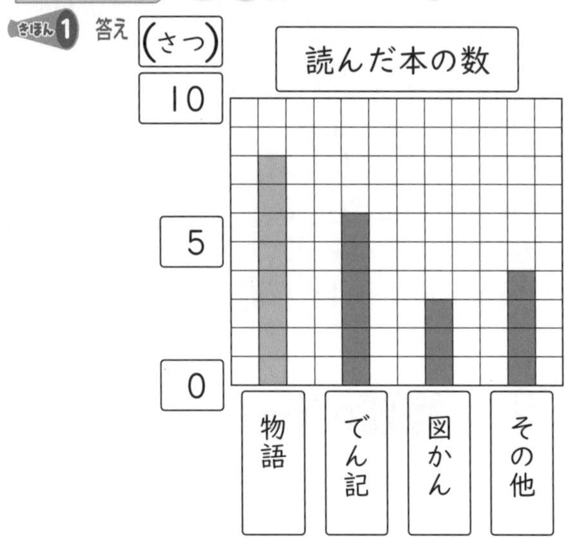

❶

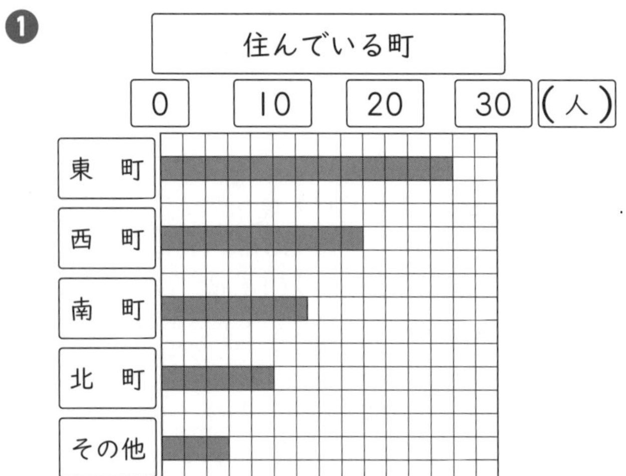

きほん2 答え

けがをした人の数 (人)

しゅるい＼組	1組	2組	3組	合計
すりきず	6	5	8	19
打ち身	4	2	5	11
切りきず	8	7	6	21
つき指	5	6	3	14
その他	3	2	3	8
合計	26	22	25	73

❷ ❶ 休んだ人の数 (人)

組＼月	4月	5月	6月	合計
1組	7	11	9	27
2組	13	12	7	32
3組	9	8	12	29
合計	29	31	28	(あ)88

❷ 1組

❸ 1組と2組と3組の、4月から6月までに学校を休んだ人の数の合計

てびき ❶ 1目もりを1人にすると、いちばん多い26人がかけないので、1目もりを2人にします。

1目もりが2人を表すので、南町の13人は、12人と14人の目もりのまん中になるようにします。

また、ぼうグラフは、数の大きさのじゅんにならべかえて、その他をさいごにかくことが多いので、ここでは人数の多い「東町→西町→南町→北町→その他」のじゅんにします。

❷ 3つの表を、1つの表に整理すると、いろいろなことをくらべやすくなります。

❷ 休んだ人がいちばん少ないクラスを答えるので、いちばん右の合計をたてに見ます。

❸ 表の(あ)に入る数は、それぞれのクラスで休んだ人の数の合計であり、4月から6月までに休んだ人の数の合計にもなっています。

36 ページ 練習のワーク

❶ ❶ 2人

❷ 16

❸

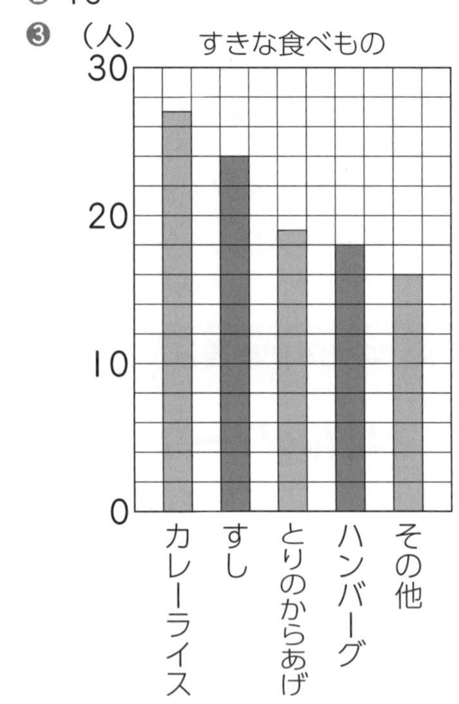

❹ ぼうグラフ

❷ ❶ (あ)3　(い)9　(う)10
(え)5　(お)6　(か)6
(き)4　(く)5　(け)3
(こ)33

❷ 2年生

❸ 33人

37 ページ まとめのテスト

1 ❶ 日曜日　❷ 25分　❸ 火曜日

2 ❶
あ 24
い 29
う 28
え 6
お 8
か 31
き 32
く 32
け 95

❷

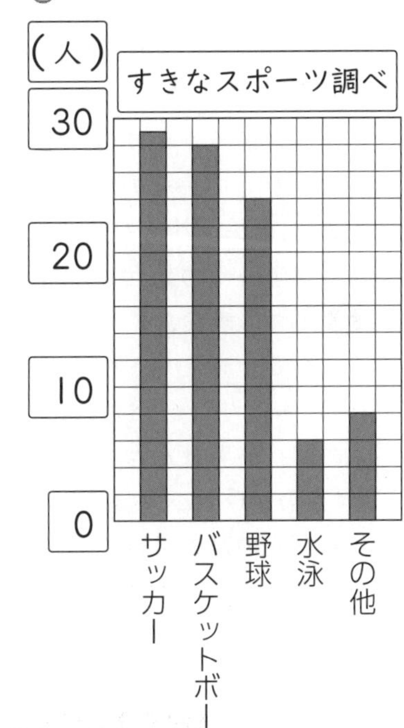

(人)
すきなスポーツ調べ
30
20
10
0
サッカー
バスケットボール
野球
水泳
その他

てびき **1** ❷ 1目もりは、5分だから、金曜日のぼうの長さは、25分を表しています。
❸ 木曜日は20分本を読んでいるので、20＋20＝40より、ぼうグラフで40分を表している曜日をさがします。また、木曜日は4目もりなので、その2倍の(4×2＝)8目もり分の曜日をさがしてもかまいません。

6 長い長さのたんいや表し方を考えよう

38・39ページ きほんのワーク

きほん1 ㋑、㋓、㋒　答え ㋐、㋑、㋒、㋓

❶ ものさし…㋑、㋒
まきじゃく…㋐、㋓、㋔

❷ あ 4m85cm　い 7m10cm
う 7m22cm　え 9m79cm
お 9m96cm

きほん2 1、400　答え 1、400

❸ ❶ 6　❷ 5、200
❸ 7800　❹ 3040

きほん3 1、800　答え 1、800

❹ ❶ きょり…1km100m
道のり…1km400m
❷ 300m

てびき ❶ ㋐や㋔のように長いものや、㋓のようにまるいもののまわりの長さをはかるときは、まきじゃくを使うとべんりです。
❷ 10cmを10に分ける目もりがついているから、問題のまきじゃくのいちばん小さい1目もりは、1cmになっています。
❹ ❶ 家から学校までのきょりは、
1100m＝1km100m
家から学校までの道のりは、
800m＋600m＝1400m
1400m＝1km400m

km			m
1	1	0	0
1	4	0	0

❷ 1km400m－1km100m＝300m

40ページ 練習のワーク

1 ❶ km　❷ mm　❸ cm　❹ m
2 ❶ 8　❷ 2、500
❸ 4000　❹ 2300
❺ 5030　❻ 9006
3 ❶ 1km750m　❷ 1250m
❸ 500m

てびき **3** ❸ 学校の前を通って行くときの道のりは、1km100m＋950m
＝1100m＋950m＝2050m
ゆうびん局の前を通って行くときの道のりは、
750m＋800m＝1550m
道のりのちがいは、
2050m－1550m＝500mになります。

41ページ まとめのテスト

1 あ 4m97cm　い 5m20cm
う 5m42cm
2 ❶ 9　❷ 2、800
❸ 6、10　❹ 350
❺ 2、300
3 ❶ パン屋
❷ 花屋へ先に行く方が700m長い。

てびき **1** 10cmを10に分ける目もりがついているから、問題のまきじゃくのいちばん小さい1目もりは、1cmになっています。
2 ❸ 5km110m＋900m
＝5110m＋900m＝6010m
＝6km10m
❹ 1km－650m＝1000m－650m
＝350m
❺ 3km200m－900m
＝3200m－900m＝2300m
＝2km300m

3 表から時間や道のりを読み取ります。

❶ パン屋へ先に行くときは、学校→パン屋→花屋→公園と行くので、かかる時間は、
14分+22分+24分=60分
花屋へ先に行くときは、学校→花屋→パン屋→公園と行くので、かかる時間は、
18分+22分+34分=74分
74分−60分=14分だから、パン屋へ先に行くと、短い時間ですみます。

❷ パン屋へ先に行くときの道のりは、
700m+1km100m+1km200m
=700m+1100m+1200m=3000m
花屋へ先に行くときの道のりは、
900m+1km100m+1km700m
=900m+1100m+1700m=3700m
道のりのちがいは、
3700m−3000m=700mだから、
花屋へ先に行く方が700m長くなります。

7 まるい形のとくちょうやかき方を調べよう

42・43ページ きほんのワーク

きほん1 答え

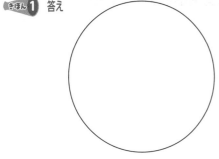

❶ しょうりゃく

きほん2 答え ㋑

❷

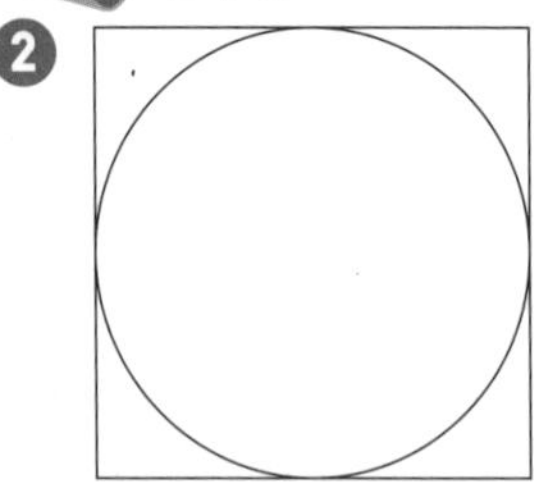

きほん3 しょうりゃく

❸ ❶

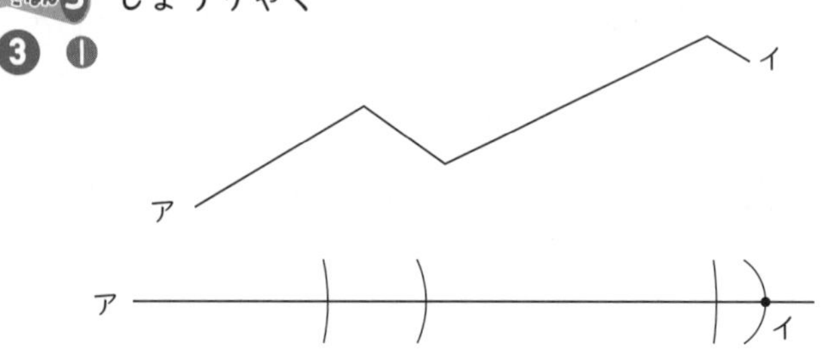

❷

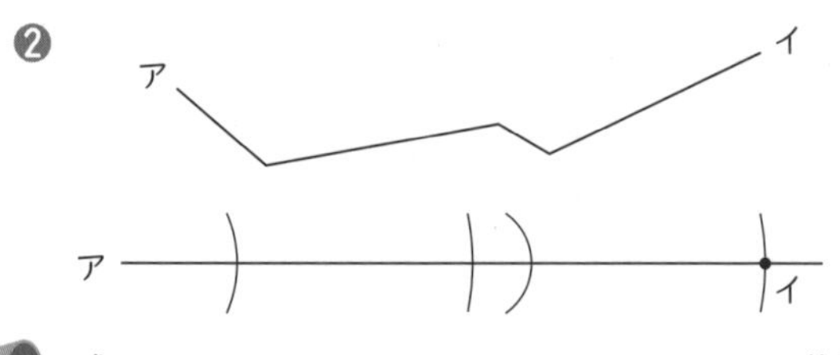

きほん4 球　　答え ㋐

❹ ❶ 円　　❷ 6　　❸ 10

てびき ❷ 半径1cm5mmの円をかきます。正方形をきちんと重なるようにたてと横に半分にそれぞれおってできた2本のおり目の線の交わった点が、円の中心になります。

44ページ 練習のワーク

❶ ❶ 7　　❷ 8　　❸ 円
❹ 直径　　❺ 6

❷ ㋑、㋐、㋒

❸ 6cm

❹ 24cm

てびき ❸ 大きい円の直径は、半径の長さの2倍の18cmです。そこにみな同じ大きさの円が3こならんでいるので、小さい円の直径は、18÷3=6より、6cmです。
❹ つつの高さは、球の直径の3倍で、8×3=24より、24cmです。

45ページ まとめのテスト

1 6こ

2 ❶ 2cm　　❷ 10cm　　❸ 2cm

3 ❶ 5cm　　❷ 15cm

4

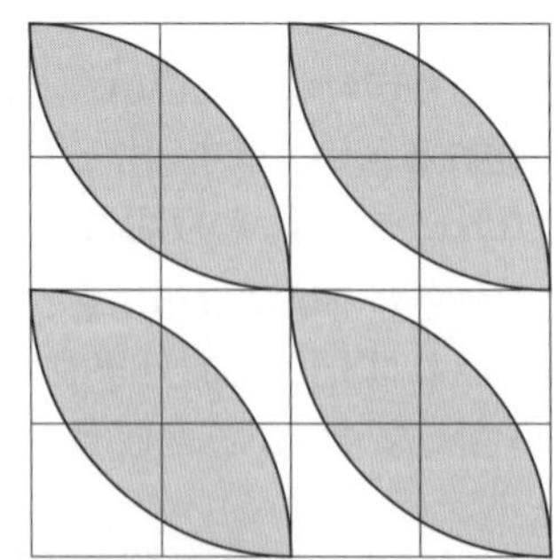

てびき **1** 円の直径は6cmです。長方形の中には、たてに12÷6=2より、2こ、横に18÷6=3より、3この円がならぶので、全部で2×3=6より、6この円がかけます。
2 ❷ アイの直線の長さは、円の半径の5こ分と同じだから、2×5=10より、10cmです。
❸ ウエの直線の長さは、円の半径と同じ長さです。

3 ❶ ボール2こで10cmなので、
直径は 10÷2=5 より、5cmです。
❷ ㋐の長さは、ボール3こ分だから、
5×3=15 より、15cmです。

8 わり算のあまりの意味を考えよう

46・47ページ きほんのワーク

きほん1 3、4、12、12、1、1、15、13、2、2、4、13÷3=4あまり1　答え 4、1

1 ❶ 7あまり1　❷ 6あまり1
❸ 3あまり3　❹ 6あまり2
❺ 5あまり1　❻ 8あまり3

きほん2 5、2　答え 5、2

2 ❶ 5あまり4　❷ ○
❸ 5あまり8　❹ 5あまり3

3 式 53÷7=7あまり4
答え 7こになって、4こあまる

きほん3 答え 19

4 ❶ 9×3+1=28　3あまり2
❷ 7×4+4=32　○

5 ❶ 答え 6あまり2　たしかめ 3×6+2=20
❷ 答え 9あまり3　たしかめ 7×9+3=66
❸ 答え 6あまり5　たしかめ 8×6+5=53

てびき **2** ❶❹ あまりがわる数より大きいので正しくありません。
4 ❶ たしかめの計算をすると、わられる数より1小さくなるので、あまりを1大きくします。

たしかめよう!

❶ あまりのあるときは、**わり切れない**といい、あまりのないときは、**わり切れる**といいます。わられる数が、わる数のだんの九九にあれば、わり切れます。

❺ たしかめの式で答えがわられる数になっても、あまりがわる数より大きければ正しくありません。あまりがわる数より小さくなっているかどうかもたしかめておきましょう。

48・49ページ きほんのワーク

きほん1 26、6、4、2、2　答え 4、2、2、2

1 ❶ 式 52÷8=6あまり4
答え 6たばできて、4本あまる
❷ 8本…2たば、9本…4たば

きほん2 32、5、6、2、1、7　答え 7

2 式 58÷6=9あまり4
9+1=10　答え 10きゃく

3 式 67÷8=8あまり3
8+1=9　答え 9回

4 式 31÷4=7あまり3　答え 7ふくろ

きほん3 4→2、0→4　答え 4あまり4

5 ❶ 6あまり3　❷ 6あまり2
❸ 5あまり5

てびき **1** ❷ 8本のたばに、あまったバラで1本ずつふやすと、9本のたばが4たばできます。
2 9きゃくでは、4人がすわれないので、もう1きゃくいります。
3 8回では、まだ3このこるので、全部を運ぶためにはもう1回ひつようです。
4 あまった3このあめでは、4こ入りのふくろは作れないので、全部で7ふくろになります。
5 筆算は、次のようになります。

```
❶     6      ❷     6      ❸     5
  5)3 3        7)4 4        8)4 5
    3 0          4 2          4 0
      3            2            5
```

50ページ 練習のワーク❶

1 ❶ 7あまり5　❷ 7あまり5
❸ 8あまり3　❹ 7あまり2
❺ 4あまり1　❻ 6あまり4

2 ❶ ○
❷ 7あまり2

3 ❶ 式 46÷7=6あまり4
答え 6こになって、4こあまる
❷ 式 46÷7=6あまり4
答え 6人に分けられて、4こあまる

4 式 38÷6=6あまり2　答え 6箱

5 (れい)
・30このりんごを、8人で同じ数ずつ分けます。1人分は何こになって、何こあまりますか。
・30このりんごを、1人に8こずつ分けると、何人に分けられて、何こあまりますか。

てびき **2** ❷ あまりがわる数の8より大きいので、正しくありません。 わる数 > あまり になっているか、たしかめるようにします。
4 ドーナツが6こ入った箱の数を答えるので、あまりの2こは考えなくてよいから、答えは6箱になります。

51ページ 練習のワーク②

❶ ❶ 答え 4あまり2　たしかめ 7×4+2=30
❷ 答え 8あまり6　たしかめ 9×8+6=78
❷ 式 49÷5=9あまり4　答え 9こ
❸ 式 62÷8=7あまり6
7+1=8　答え 8まい
❹ ❶ 式 50÷6=8あまり2
答え 8こずつ分けられて、2こあまる
❷ 式 6−2=4　答え 4こ

てびき ❷ 1人分がいちばん多くなるときを答えるので、あまりの4こは考えません。
❸ 画用紙が7まいでは、カードは56まいしか作れないので、62まいには6まいたりません。この6まいを作るための画用紙がもう1まいいります。
❹❷ 1人につき、あと1こいるので、全部で1×6=6より、6こいります。ただし、あまりが2こあるので、6−2=4より、あと4こあれば1人に9こずつ分けられます。

52ページ まとめのテスト①

1 ❶ 5あまり7　❷ 1あまり4
❸ 9あまり7　❹ 9あまり1
❺ 5あまり6　❻ 9あまり1
❼ 9あまり7　❽ 1あまり8
❾ 7あまり2　❿ 1あまり3
⓫ 0あまり5　⓬ 0あまり1
2 式 38÷4=9あまり2
答え 9人に分けられて、2こあまる
3 式 67÷9=7あまり4
答え 7本になって、4本あまる
4 式 58÷7=8あまり2
8+1=9　答え 9日
5 式 50÷7=7あまり1　答え 7本

てびき 4 のこった2題をとくのに、もう1日いります。
5 ジュースが7dL入ったびんの数を答えるので、あまった1dLは考えません。

53ページ まとめのテスト②

1 ❶ 6あまり6　❷ 9
2 ❶ 式 27÷5=5あまり2
答え 5こずつ分けられて、2こあまる
❷ 式 5−2=3　答え 3こ
3 式 75÷8=9あまり3
9+1=10　答え 10本
4 7本…2たば、8本…5たば

てびき 1❷ あまりがわる数と同じときはわりきれるのでまちがいです。
2❷ 1人につき、あと1こいるので、全部で5こいります。ただし、あまりが2こあるので、5−2=3より、あと3こあれば、1人にもう1こずつ分けられます。
3 全部のリボンの数を答えるので、あまりの3cmのリボンも1本と数えます。
4 54÷7=7あまり5より、7本ずつたばにすると、7たばできて、5本あまります。7本のたばに、あまったチューリップを1本ずつふやすと、8本のたばが5たばできます。

たしかめよう!
あまりの考え方にはいろいろなものがあります。問題をよく読んで考えましょう。

9 くふうして計算のしかたを考えよう

54ページ きほんのワーク

きほん1 答え 6、42、42、84
54、5、30、84
❶ 4、24、60、84

55ページ まとめのテスト

1 ❶ 4、32、4、32、64
❷ 24、10、40、64
2 ❶ 108　❷ 52　❸ 119

てびき 2❶ たとえば、18を9と9に分けて計算します。
❷ たとえば、13を3と10に分けて計算します。
❸ たとえば、17を7と10に分けて計算します。

たしかめよう!
かけ算では、かけられる数やかける数を分けて計算しても、答えは同じになります。
このことを**分配のきまり**といいます。

⑩ 筆算を使って計算しよう

56・57 ページ　きほんのワーク

きほん1　30、2、6、60、400、4、5、20、2000

答え 60、2000

1　❶ 480　❷ 630　❸ 2800　❹ 4800

きほん2　43、2　6➡8　答え 86

2　❶ $\begin{array}{r} 23 \\ \times\ \ 2 \\ \hline 46 \end{array}$　❷ $\begin{array}{r} 13 \\ \times\ \ 3 \\ \hline 39 \end{array}$　❸ $\begin{array}{r} 32 \\ \times\ \ 2 \\ \hline 64 \end{array}$

❹ $\begin{array}{r} 11 \\ \times\ \ 6 \\ \hline 66 \end{array}$　❺ $\begin{array}{r} 21 \\ \times\ \ 4 \\ \hline 84 \end{array}$

きほん3　3➡3、4　答え 343

3　❶ $\begin{array}{r} 82 \\ \times\ \ 4 \\ \hline 328 \end{array}$　❷ $\begin{array}{r} 72 \\ \times\ \ 3 \\ \hline 216 \end{array}$　❸ $\begin{array}{r} 25 \\ \times\ \ 3 \\ \hline 75 \end{array}$

❹ $\begin{array}{r} 45 \\ \times\ \ 2 \\ \hline 90 \end{array}$　❺ $\begin{array}{r} 64 \\ \times\ \ 5 \\ \hline 320 \end{array}$　❻ $\begin{array}{r} 34 \\ \times\ \ 3 \\ \hline 102 \end{array}$

❼ $\begin{array}{r} 78 \\ \times\ \ 8 \\ \hline 624 \end{array}$　❽ $\begin{array}{r} 58 \\ \times\ \ 7 \\ \hline 406 \end{array}$

4　式 94×8=752　答え 752 こ

てびき　❹（全部の数）=（１回に運ぶ数）×（回数）

58・59 ページ　きほんのワーク

きほん1　312　4➡2➡6　答え 624

1　❶ $\begin{array}{r} 131 \\ \times\ \ 3 \\ \hline 393 \end{array}$　❷ $\begin{array}{r} 221 \\ \times\ \ 4 \\ \hline 884 \end{array}$　❸ $\begin{array}{r} 233 \\ \times\ \ 3 \\ \hline 699 \end{array}$

❹ $\begin{array}{r} 314 \\ \times\ \ 2 \\ \hline 628 \end{array}$

きほん2　5➡9➡7　答え 795

2　❶ $\begin{array}{r} 215 \\ \times\ \ 4 \\ \hline 860 \end{array}$　❷ $\begin{array}{r} 379 \\ \times\ \ 2 \\ \hline 758 \end{array}$　❸ $\begin{array}{r} 281 \\ \times\ \ 5 \\ \hline 1405 \end{array}$

❹ $\begin{array}{r} 335 \\ \times\ \ 4 \\ \hline 1340 \end{array}$

きほん3　2➡3、5　答え 3521

3　❶ $\begin{array}{r} 921 \\ \times\ \ 6 \\ \hline 5526 \end{array}$　❷ $\begin{array}{r} 529 \\ \times\ \ 8 \\ \hline 4232 \end{array}$　❸ $\begin{array}{r} 147 \\ \times\ \ 7 \\ \hline 1029 \end{array}$

❹ $\begin{array}{r} 668 \\ \times\ \ 3 \\ \hline 2004 \end{array}$　❺ $\begin{array}{r} 206 \\ \times\ \ 8 \\ \hline 1648 \end{array}$　❻ $\begin{array}{r} 808 \\ \times\ \ 5 \\ \hline 4040 \end{array}$

❼ $\begin{array}{r} 170 \\ \times\ \ 9 \\ \hline 1530 \end{array}$　❽ $\begin{array}{r} 300 \\ \times\ \ 6 \\ \hline 1800 \end{array}$

きほん4　2、80、24、104　答え 104

4　❶128　❷156　❸315

てびき　❹かけられる数を、十の位と一の位に分けて計算します。

❶ 四三 12、120／四二が 8 ｝ 120+8=128

❷ 三五 15、150／三二が 6 ｝ 150+6=156

❸ 五六 30、300／五三 15 ｝ 300+15=315

60 ページ　練習のワーク

1　❶ 280　❷ 250　❸ 720　❹ 1200　❺ 1600　❻ 3600

2　❶ $\begin{array}{r} 73 \\ \times\ \ 6 \\ \hline 438 \end{array}$　❷ $\begin{array}{r} 402 \\ \times\ \ 3 \\ \hline 1206 \end{array}$

3　❶ 108　❷ 368　❸ 360　❹ 515　❺ 4130　❻ 2310

4　式 28×9=252　答え 252 まい

5　式 620×5=3100　答え 3100 円

てびき　❷❶「六七 42」の 42 は位をずらして書くのではなく、42 とくり上げた１をたした 43 を一の位の 8 の左に書きます。

❷ 十の位に 0 があるときは、かけた 0 を書きわすれないよう注意します。

❸❶ $\begin{array}{r} 36 \\ \times\ \ 3 \\ \hline 108 \end{array}$　❷ $\begin{array}{r} 92 \\ \times\ \ 4 \\ \hline 368 \end{array}$　❸ $\begin{array}{r} 45 \\ \times\ \ 8 \\ \hline 360 \end{array}$

❹ $\begin{array}{r} 103 \\ \times\ \ 5 \\ \hline 515 \end{array}$　❺ $\begin{array}{r} 590 \\ \times\ \ 7 \\ \hline 4130 \end{array}$　❻ $\begin{array}{r} 385 \\ \times\ \ 6 \\ \hline 2310 \end{array}$

61 ページ　まとめのテスト

1　❶ 180　❷ 4900　❸ 96　❹ 112　❺ 528　❻ 230　❼ 296　❽ 207　❾ 486　❿ 3928　⓫ 2781　⓬ 5080　⓭ 2520　⓮ 3300

2　式 16×9=144　答え 144 ページ

3　式 217×4=868　答え 868m

4　式 55×5=275

45×5=225

275+225=500　答え 500 円

⑪ 数の表し方やしくみを調べよう

62・63ページ きほんのワーク

きほん1 3、2、5、9、8　答え 53298

1 ❶ 9、3、8、1、4　❷ 50027
❸ 70800　❹ 90000

2 ❶ 七万九千二十五　❷ 八万五千九百
❸ 32540　❹ 60300

きほん2 答え 2、7、6、3、8、2、
二千七百六十三万八千二十

3 ❶ 6、2、8、5　❷ 2、8、4、3

4 ❶ 二百六十一万九百三十
❷ 五千八十三万七百六
❸ 4036083
❹ 83097000

5 ❶ 3784　❷ 3784
❸ 37840

てびき **2** 大きい数を読んだり、読み方を漢字で書くときは、一の位から4けたごとに区切るとわかりやすくなります。

64・65ページ きほんのワーク

きほん1 1万(10000)
答え 2万(20000)、
15万(150000)、
28万(280000)、
43万(430000)

1 ❶ ㋐ 10万(100000)
㋑ 100万(1000000)
❷ あ 230万(2300000)
い 480万(4800000)
う 6500万(65000000)
え 8900万(89000000)
お 1億(100000000)
❸ 6000万　7000万　8000万 ↑

2 ❶ 20000、22000
❷ 100000、100030
❸ 29850、29950
❹ 400万、410万

きほん2 答え

千	百	十	一 万	千	百	十	一
2	9	0	0	1	0	0	0
	3	2	0	0	3	0	0
	3	1	9	9	9	9	9

3 99000、299900、300000、1000000

きほん3 答え ＞

4 ❶ ＞　❷ ＜
❸ ＞　❹ ＞

てびき **1** ❶ ㋐の数直線は0と100万の間を10に分ける目もりがついているから、いちばん小さい1目もりは10万を表しています。
㋑の数直線は6000万と7000万の間を10に分ける目もりがついているから、いちばん小さい1目もりは100万を表しています。
❷ おは、9000万から10目もりのところを指しているから、位が1つ上がって1億になります。
2 ❶ 1000ずつ数が大きくなっています。
❷ 10ずつ数が大きくなっています。
❸ 50ずつ数が大きくなっています。
❹ 5万ずつ数が大きくなっています。

66・67ページ きほんのワーク

きほん1 300、50、350、3500、35000
答え 350、3500、35000

1 ❶ 10倍…580
100倍…5800
1000倍…58000
❷ 10倍…6020
100倍…60200
1000倍…602000

きほん2 24　答え 24

2 ❶ 50　❷ 300　❸ 482　❹ 890

3 830、83

きほん3 150、34　答え 150万、34000

4 ❶ 400万　❷ 492万
❸ 7000万　❹ 6000万
❺ 770000　❻ 640000
❼ 181000　❽ 19000

てびき **1** どんな数でも10倍すると、どの数字も位が1つ上がって、右に0を1つつけた数になります。
また、100倍すると、どの数字も位が2つ上がって、右に0を2つつけた数になり、1000倍すると、どの数字も位が3つ上がって、右に0を3つつけた数になります。
2 一の位に0のある数を10でわると、どの数字も位が1つ下がって、右はしの0を1つとった数になります。

❸ 10倍(10をかける)することと、10でわることはぎゃくの計算なので、10÷10=1より、もとの数にもどります。
❹ ❶〜❹ 何万のたし算やひき算は、1つ分を1万として考えれば、これまでの計算と同じように計算できます。
❶ 1万が(327+73)こより、
1万が400こだから、400万です。
❷ 1万が(700−208)こより、
1万が492こだから、492万です。
❸ 1万が(5000+2000)こより、
1万が7000こだから、7000万です。
❹ 1万が(9000−3000)こより、
1万が6000こだから、6000万です。
❺❻ 10000を1つ分と考えます。
❼❽ 1000を1つ分と考えます。

68ページ 練習のワーク

❶ ❶ 607180　❷ 39051026
❷ ❶ 5　❷ 100000000
❸ ❶ ㋐ 265000　㋑ 272000
㋒ 296000
❷ 260000　270000　280000　290000
274000　289000
❹ ❶ ＞　❷ ＜
❸ ＝　❹ ＜
❺ 10倍した数……6300
100倍した数……63000
1000倍した数…630000
10でわった数……63

たしかめよう!
10000より大きい数を考えるときは、一の位から4けたずつ区切って考えるとわかりやすくなります。

69ページ まとめのテスト

1 ❶ 790000(79万)
❷ 2006000
2 ❶ 480000、500000
❷ 8000万、9000万、1億
3 ❶ 70000　❷ 30000
❸ 97　❹ 970
4 式 7200÷10=720　答え 720まい
5 ❶ 105万　❷ 24万
❸ 450000　❹ 1000000

てびき
1 ❶ 79=70+9
1万を70こ集めた数は　70万
1万を　9こ集めた数は　9万
合わせて　79万
数字で書くと、790000
❷ 10万を20こ集めた数は　2000000
100を60こ集めた数は　6000
合わせて　2006000
2 ❶ 10000ずつ数が大きくなっています。
❷ 500万ずつ数が大きくなっています。
9500万より500万大きい数は、1億です。
3 970000について、いろいろな見方をします。
❶ 970000=900000+70000
❷ 970000=1000000−30000
❸ 97|0000
1|0000
❹ 970|000
1|000
4 10のたばに分けたから、1たばのまい数は7200まいを10でわった数になるので、右はしの0を1つとった数になります。

12 はしたの大きさの表し方やしくみを調べよう

70・71ページ きほんのワーク

きほん1 3、0.3、1.3　答え 1.3
❶ ❶ 0.8dL　❷ 1.4dL
きほん2 0.1　答え 0.7、2.5、3.2
❷ ❶ 0.2m　❷ 0.9m
❸ 1.7m　❹ 2.2m
きほん3 0.6、1.8、32　答え 0.6、1.8、3.2
❸ 1、0、7、7
❹ ㋐ 0.5　㋑ 1.1　㋒ 2.4　㋓ 2.9
❺ ❶ ＜　❷ ＞　❸ ＞
❻ ❶ 1、1.1、1.3　❷ 6.9、6.7、6.6

てびき
❷ 数直線には、1mを10等分する目もりがついています。1mを10等分した長さは10cmで、mのたんいで表すと0.1mになります。
❶ 20cmなので、0.2mです。
❸ 1m70cmなので、1.7mです。
❹ 2m20cmなので、2.2mです。

❹ 0と1の間が10等分されているので、いちばん小さい1目もりは0.1を表しています。
㋐ 0.1が5こ分なので、0.5です。
㋑ 1と0.1が1こ分なので、1.1です。

❺ 数直線では、右へいくほど数が大きくなるので、数直線に表して、大きさをくらべることができますが、それぞれの数が0.1の何こ分かを考えても、大きさをくらべることができます。
➊ 2.9は0.1が29こ分、3.1は0.1が31こ分なので、2.9<3.1です。

72・73ページ きほんのワーク

きほん1 6、3、9　答え 0.9

❶ ➊ 0.9　➋ 1.2　➌ 1.6　➍ 1

きほん2 3、9➡.　8、0　答え 3.9、8

❷ ➊ $\begin{array}{r} 0.3 \\ +4.5 \\ \hline 4.8 \end{array}$　➋ $\begin{array}{r} 1.5 \\ +3.2 \\ \hline 4.7 \end{array}$　➌ $\begin{array}{r} 2.6 \\ +3.9 \\ \hline 6.5 \end{array}$

➍ 7.1　➎ 9.3　➏ 7.5
➐ 4.1　➑ 7　➒ 4

きほん3 2、8➡.　3、6➡.　答え 2.8、3.6

❸ ➊ $\begin{array}{r} 0.7 \\ -0.2 \\ \hline 0.5 \end{array}$　➋ $\begin{array}{r} 1.8 \\ -0.5 \\ \hline 1.3 \end{array}$　➌ $\begin{array}{r} 9.2 \\ -0.6 \\ \hline 8.6 \end{array}$

➍ 1.5　➎ 3.5　➏ 1.2
➐ 2.6　➑ 4

てびき

❶ 0.1の何こ分かを考えます。
➍ 0.1が10こ分で1です。

❷ 筆算は、たてに位をそろえて書き、整数と同じように計算し、上の小数点にそろえて、答えの小数点を打ちます。
➏ 4は4.0と考えて、計算します。
➑➒ 答えの小数第一位が0になったときは、0と小数点を消します。

➍ $\begin{array}{r} 1.4 \\ +5.7 \\ \hline 7.1 \end{array}$　➎ $\begin{array}{r} 6.8 \\ +2.5 \\ \hline 9.3 \end{array}$　➏ $\begin{array}{r} 4.0 \\ +3.5 \\ \hline 7.5 \end{array}$　➐ $\begin{array}{r} 1.9 \\ +2.2 \\ \hline 4.1 \end{array}$

➑ $\begin{array}{r} 2.3 \\ +4.7 \\ \hline 7.\not{0} \end{array}$　➒ $\begin{array}{r} 3.8 \\ +0.2 \\ \hline 4.\not{0} \end{array}$

❸ ➊ 答えの一の位には0を書いて、小数点を打って0.5とします。
➏ 4は4.0と考えます。

➍ $\begin{array}{r} 2.9 \\ -1.4 \\ \hline 1.5 \end{array}$　➎ $\begin{array}{r} 7.2 \\ -3.7 \\ \hline 3.5 \end{array}$　➏ $\begin{array}{r} 4.0 \\ -2.8 \\ \hline 1.2 \end{array}$　➐ $\begin{array}{r} 7.6 \\ -5.0 \\ \hline 2.6 \end{array}$

➑ $\begin{array}{r} 8.3 \\ -4.3 \\ \hline 4.\not{0} \end{array}$

たしかめよう!

小数のたし算とひき算の筆算では、位をそろえて書くことが大切です。

❷ ➏ $\begin{array}{r} 4 \\ +3.5 \\ \hline \end{array}$（×）➡ $\begin{array}{r} 4 \\ +3.5 \\ \hline \end{array}$ ➡ $\begin{array}{r} 4.0 \\ +3.5 \\ \hline \end{array}$

74ページ 練習のワーク

❶ ➊ 1　➋ 14　➌ 5.8
➍ 3.8

❷ ㋐ 2.6　㋑ 4.5　㋒ 6.1

❸ ➊ >　➋ <　➌ <
➍ >　➎ <　➏ <

❹ ➊ 6.4　➋ 8.5　➌ 7
➍ 0.6　➎ 5　➏ 7.2

てびき

❶➊ 10dL=1Lだから、1Lを10等分した1dLを小数で表すと、0.1Lになります。これより、0.1Lが10こ分のかさは1Lになります。

❸ それぞれの数が、0.1の何こ分かを考えます。

❹ ➊ $\begin{array}{r} 4.6 \\ +1.8 \\ \hline 6.4 \end{array}$　➋ $\begin{array}{r} 2.5 \\ +6.0 \\ \hline 8.5 \end{array}$　➌ $\begin{array}{r} 6.3 \\ +0.7 \\ \hline 7.\not{0} \end{array}$　➍ $\begin{array}{r} 1.5 \\ -0.9 \\ \hline 0.6 \end{array}$

➎ $\begin{array}{r} 9.6 \\ -4.6 \\ \hline 5.\not{0} \end{array}$　➏ $\begin{array}{r} 8.0 \\ -0.8 \\ \hline 7.2 \end{array}$

75ページ まとめのテスト

1 ➊ 0.2　➋ 3.8　➌ 7.4
➍ 30　➎ 8

2 ➊ 2.9　➋ 8.2　➌ 7.1
➍ 10　➎ 5　➏ 7.2
➐ 1.3　➑ 6.2　➒ 4

3 式 3.3+4.9=8.2　答え 8.2cm

4 式 3.4−1.8=1.6
答え やかんが1.6L多く入る。

5 式 1.6−0.9=0.7　答え 0.7km

てびき

1 ➋ 4は0.1が40こ分、0.2は0.1が2こ分なので、40−2=38より、0.1が38こ分になります。
➍ 0.1が10こ分で1です。

2 ➍➎➒ 答えの小数第一位が0になったときは、0と小数点を消します。
➑ 9は9.0と考えて計算します。

➍ $\begin{array}{r} 6.2 \\ +3.8 \\ \hline 10.\not{0} \end{array}$　➎ $\begin{array}{r} 4.1 \\ +0.9 \\ \hline 5.\not{0} \end{array}$　➑ $\begin{array}{r} 9.0 \\ -2.8 \\ \hline 6.2 \end{array}$　➒ $\begin{array}{r} 9.5 \\ -5.5 \\ \hline 4.\not{0} \end{array}$

⑬ 三角形のせいしつやかき方を調べよう

76・77ページ きほんのワーク

きほん1 ㋑、㋓、㋐、㋒、㋔　　答え ㋑、㋓、㋐

❶ 二等辺三角形…㋐、㋓
正三角形…㋑、㋕

❷ ❶ 二等辺三角形　❷ 正三角形

きほん2 答え

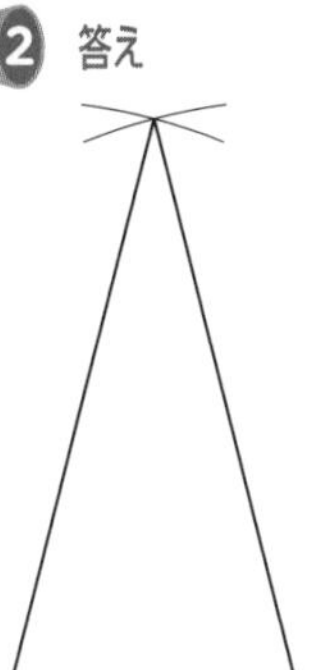

❸ ❶

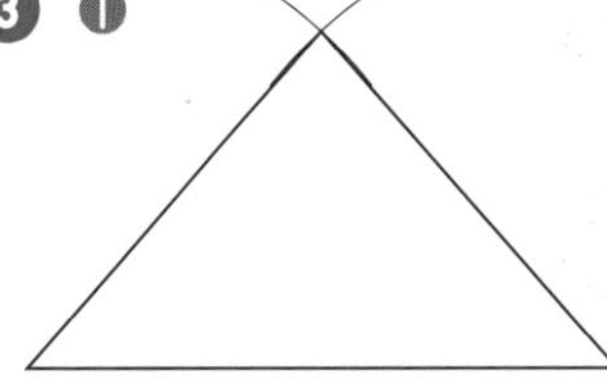

❷

❸

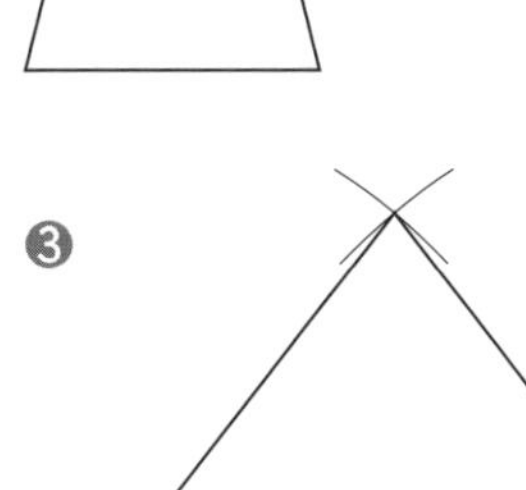

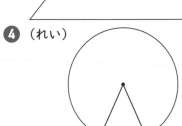

❹ (れい)

てびき ❹ | つの円では、半径の長さはみな等しいので、半径を等しい 2 つの辺とする三角形をかけば、二等辺三角形になります。

78・79ページ きほんのワーク

きほん1 ㋐、㋑　　答え ㋐

❶ ❶ ㋓の角　❷ ㋒の角、㋕の角　❸ ㋐の角
❹ ㋐と㋔は、㋔に○
㋒と㋔は、㋒に○
㋔と㋕は、㋕に○

❷ (左から)5、|、2、3、4

きほん2 ㋒、㋔、㋕ (または、㋒、㋕、㋔)
答え ㋒、㋔、㋕ (または、㋒、㋕、㋔)

❸ ❶ 二等辺三角形　❷ 正三角形
❸ 二等辺三角形 または 直角三角形
(直角二等辺三角形)

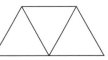

きほん3 答え

❹ ❶ 二等辺三角形 または 直角三角形
(直角二等辺三角形)
❷ 正三角形

てびき ❶ 2 まいの三角じょうぎの重ね方をくふうして、角の大きさをくらべましょう。
❸ 同じ三角じょうぎを 2 まいならべているので、みな 2 つの辺の長さ(または、2 つの角の大きさ) が等しい二等辺三角形です。さらに、三角じょうぎの角をあてて調べると、❷は 3 つの角の大きさがすべて等しい正三角形、❸は | つの角が直角の直角二等辺三角形とわかります。

80ページ 練習のワーク

❶ ㋐ △　㋑ ×　㋒ ○　㋓ △
㋔ ×　㋕ ○

❷ (れい)

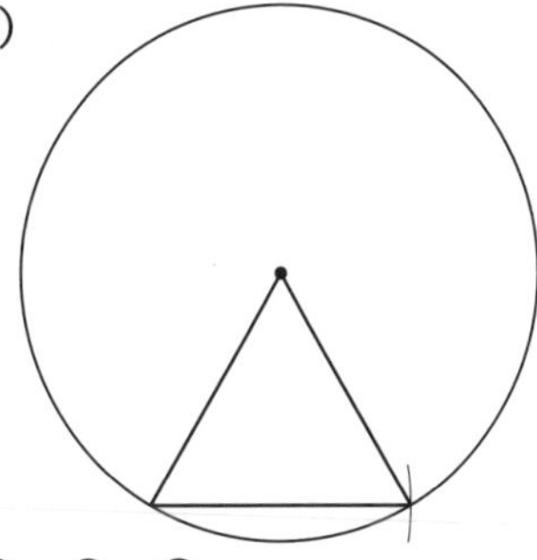

❸ ㋑→㋒→㋓→㋐

❹ 4 まい

てびき ❹ しきつめると右のようになります。

81ページ まとめのテスト

1 ❶

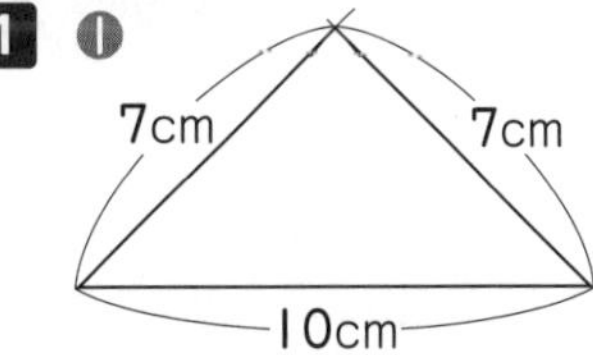

❷

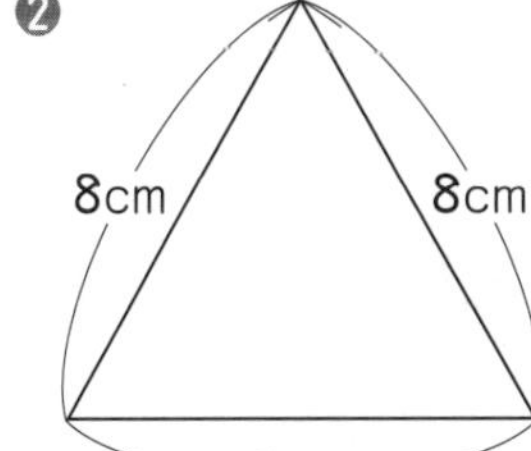

2 ㋐ 二等辺三角形
㋑ 二等辺三角形
㋒ 正三角形

3 ❶ 3　❷ 2　❸ 2

4 ❶ 辺アイ…4 cm　辺イウ…4 cm
❷ 正三角形

てびき **2** 切って開いた図をかくと、次のようになります。

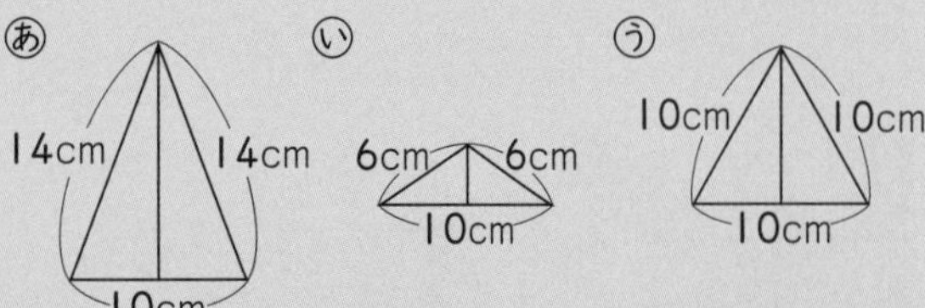

4 ❶ 図の三角形の辺アイ、イウ、ウアは、どれも半径の2倍の長さです。

❷ 3つの辺の長さが等しいので、正三角形です。

⑭ 筆算のしかたを考えよう

82・83ページ きほんのワーク

きほん1 10、18、180
100、18、1800　　答え 180、1800

1 式 3×40=120　　答え 120こ

2 ❶ 80　❷ 350　❸ 720
❹ 600　❺ 3200　❻ 1000

きほん2 2、6 ➡ 3、9 ➡ 4、1、6
4、0、5 ➡ 1、3、5 ➡ 1、7、5、5
答え 416、1755

3 式 28×35=980　　答え 980まい

4
❶ $\begin{array}{r} 23 \\ \times 13 \\ \hline 69 \\ 23 \\ \hline 299 \end{array}$
❷ $\begin{array}{r} 21 \\ \times 34 \\ \hline 84 \\ 63 \\ \hline 714 \end{array}$
❸ $\begin{array}{r} 15 \\ \times 63 \\ \hline 45 \\ 90 \\ \hline 945 \end{array}$

❹ $\begin{array}{r} 82 \\ \times 51 \\ \hline 82 \\ 410 \\ \hline 4182 \end{array}$
❺ $\begin{array}{r} 24 \\ \times 39 \\ \hline 216 \\ 72 \\ \hline 936 \end{array}$
❻ $\begin{array}{r} 54 \\ \times 75 \\ \hline 270 \\ 378 \\ \hline 4050 \end{array}$

❼ $\begin{array}{r} 46 \\ \times 25 \\ \hline 230 \\ 92 \\ \hline 1150 \end{array}$
❽ $\begin{array}{r} 77 \\ \times 48 \\ \hline 616 \\ 308 \\ \hline 3696 \end{array}$

てびき **1** 3×40の答えは、3×4の10倍だから、3×4の答えの右に、0を1つつけた数になります。

2 ❻ 50×20=5×10×2×10
=5×2×10×10=10×100=1000

3 $\begin{array}{r} 28 \\ \times 35 \\ \hline 140 \\ 84 \\ \hline 980 \end{array}$

84・85ページ きほんのワーク

きほん1 1、4、7、1、4、7、0
1、4、7　　答え 1470

1 ❶ 3150　❷ 1480　❸ 2700
❹ 4340

2 式 58×30=1740　　答え 1740こ

きほん2 4、2、6 ➡ 6、3、9 ➡ 6、8、1、6
答え 6816

3 式 113×21=2373　　答え 2373円

4
❶ $\begin{array}{r} 133 \\ \times 23 \\ \hline 399 \\ 266 \\ \hline 3059 \end{array}$
❷ $\begin{array}{r} 343 \\ \times 12 \\ \hline 686 \\ 343 \\ \hline 4116 \end{array}$
❸ $\begin{array}{r} 239 \\ \times 48 \\ \hline 1912 \\ 956 \\ \hline 11472 \end{array}$

❹ $\begin{array}{r} 417 \\ \times 52 \\ \hline 834 \\ 2085 \\ \hline 21684 \end{array}$
❺ $\begin{array}{r} 830 \\ \times 69 \\ \hline 7470 \\ 4980 \\ \hline 57270 \end{array}$
❻ $\begin{array}{r} 675 \\ \times 84 \\ \hline 2700 \\ 5400 \\ \hline 56700 \end{array}$

❼ $\begin{array}{r} 507 \\ \times 40 \\ \hline 20280 \end{array}$
❽ $\begin{array}{r} 600 \\ \times 82 \\ \hline 1200 \\ 4800 \\ \hline 49200 \end{array}$

きほん3 5、10、260　　答え 260

5 ❶ 300　❷ 300

てびき **1** かける数の一の位が0のときは、筆算では0をかける計算を書かずに、はぶくことができます。

❸ ■×●=●×■だから、45×60として計算します。
$\begin{array}{r} 45 \\ \times 60 \\ \hline 2700 \end{array}$

❹ $\begin{array}{r} 62 \\ \times 70 \\ \hline 4340 \end{array}$

2 $\begin{array}{r} 58 \\ \times 30 \\ \hline 1740 \end{array}$

3 $\begin{array}{r} 113 \\ \times 21 \\ \hline 113 \\ 226 \\ \hline 2373 \end{array}$

5 ❶ ちょうどの数になるように、かけるじゅんじょをかえて計算します。
3×25×4=3×100=300

❷ 25×12
=25×4×3=100×3=300

86ページ 練習のワーク

1 ❶ 180　❷ 1500　❸ 140

④ 800　⑤ 7200　⑥ 4000

2 ①
$$\begin{array}{r} 24 \\ \times 32 \\ \hline 48 \\ 72 \\ \hline 768 \end{array}$$
②
$$\begin{array}{r} 93 \\ \times 40 \\ \hline 3720 \end{array}$$
③
$$\begin{array}{r} 521 \\ \times 61 \\ \hline 521 \\ 3126 \\ \hline 31781 \end{array}$$
④
$$\begin{array}{r} 706 \\ \times 84 \\ \hline 2824 \\ 5648 \\ \hline 59304 \end{array}$$

3 ①
$$\begin{array}{r} 63 \\ \times 75 \\ \hline 315 \\ 441 \\ \hline 4725 \end{array}$$
②
$$\begin{array}{r} 904 \\ \times 32 \\ \hline 1808 \\ 2712 \\ \hline 28928 \end{array}$$

4 式 247×35＝8645　答え 8645 まい

5 ① 3400　② 400　③ 1000

てびき

4
$$\begin{array}{r} 247 \\ \times 35 \\ \hline 1235 \\ 741 \\ \hline 8645 \end{array}$$

5 ① 5×34×20
＝34×5×20＝34×100＝3400

② 16×25
＝4×4×25＝4×100＝400

③ 125×8＝1000 のように、ちょうどの数になる計算はおぼえておきましょう。

87 ページ まとめのテスト

1 ① 540　② 5600　③ 989
④ 560　⑤ 1938　⑥ 5184
⑦ 24017　⑧ 10750　⑨ 14464
⑩ 37962　⑪ 54720　⑫ 28800

2 式 53×27＝1431　答え 14m31cm

3 式 440×32＝14080　答え 14080 円

てびき **1** 筆算は、次のようになります。

③
$$\begin{array}{r} 23 \\ \times 43 \\ \hline 69 \\ 92 \\ \hline 989 \end{array}$$
④
$$\begin{array}{r} 35 \\ \times 16 \\ \hline 210 \\ 35 \\ \hline 560 \end{array}$$
⑤
$$\begin{array}{r} 57 \\ \times 34 \\ \hline 228 \\ 171 \\ \hline 1938 \end{array}$$
⑥
$$\begin{array}{r} 432 \\ \times 12 \\ \hline 864 \\ 432 \\ \hline 5184 \end{array}$$
⑦
$$\begin{array}{r} 329 \\ \times 73 \\ \hline 987 \\ 2303 \\ \hline 24017 \end{array}$$
⑧
$$\begin{array}{r} 125 \\ \times 86 \\ \hline 750 \\ 1000 \\ \hline 10750 \end{array}$$
⑨
$$\begin{array}{r} 452 \\ \times 32 \\ \hline 904 \\ 1356 \\ \hline 14464 \end{array}$$
⑩
$$\begin{array}{r} 703 \\ \times 54 \\ \hline 2812 \\ 3515 \\ \hline 37962 \end{array}$$
⑪
$$\begin{array}{r} 608 \\ \times 90 \\ \hline 54720 \end{array}$$
⑫
$$\begin{array}{r} 800 \\ \times 36 \\ \hline 4800 \\ 2400 \\ \hline 28800 \end{array}$$

2
$$\begin{array}{r} 53 \\ \times 27 \\ \hline 371 \\ 106 \\ \hline 1431 \end{array}$$
3
$$\begin{array}{r} 440 \\ \times 32 \\ \hline 880 \\ 1320 \\ \hline 14080 \end{array}$$

15 分けた大きさの表し方やしくみを調べよう

88・89 ページ きほんのワーク

きほん1 $\frac{1}{5}$、$\frac{3}{5}$　答え $\frac{1}{5}$、$\frac{3}{5}$

1 ① $\frac{1}{2}$m　② $\frac{1}{6}$m

2 ① $\frac{4}{5}$L　② $\frac{2}{6}$L

3 ① （れい）

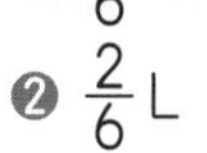

②

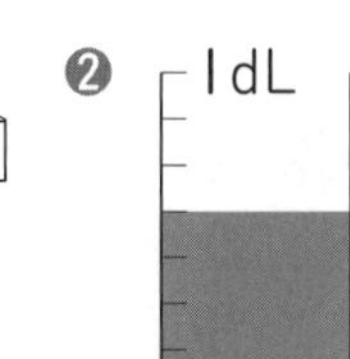

きほん2 $\frac{2}{4}$、$\frac{4}{4}$　答え $\frac{2}{4}$、$\frac{4}{4}$

4 ㋐ $\frac{2}{5}$　㋑ $\frac{8}{5}$

5 ① ＞　② ＜　③ ＞

きほん3 $\frac{1}{6}$、$\frac{1}{3}$　答え $\frac{1}{6}$、$\frac{1}{3}$

6 ㋐ $\frac{2}{8}$m　㋑ $\frac{2}{4}$m

てびき **3** ① 9 等分したうちの 5 こ分をつづけてぬってあれば、どの場所をぬってもかまいません。

90・91 ページ きほんのワーク

きほん1 答え $\frac{4}{10}$、$\frac{9}{10}$、0.2、0.6

1 ① ＜　② ＝　③ ＞

きほん2 2、5、7　答え $\frac{7}{10}$

2 ① $\frac{3}{4}$　② $\frac{5}{6}$　③ $\frac{4}{5}$　④ 1
⑤ 1

きほん3 4　答え $\frac{4}{7}$

3 式 $\frac{8}{9}-\frac{5}{9}=\frac{3}{9}$　答え $\frac{3}{9}$L

4 ① $\frac{3}{6}$　② $\frac{2}{5}$　③ $\frac{4}{8}$　④ $\frac{8}{10}$　⑤ $\frac{1}{4}$

92ページ 練習のワーク

❶ ❶ $\frac{7}{10}$m　❷ $\frac{2}{4}$L　❸ $\frac{4}{6}$L

❷ ❶ 3　❷ $\frac{5}{8}$　❸ 2　❹ 10
❺ 1　❻ 9

❸ ❶ ＜　❷ ＞　❸ ＜

❹ ❶ $\frac{3}{5}$　❷ $\frac{5}{9}$　❸ 1　❹ $\frac{8}{10}$
❺ $\frac{4}{7}$　❻ $\frac{1}{4}$　❼ $\frac{3}{6}$　❽ $\frac{7}{8}$

てびき ❶❶ 1mを10等分した7こ分の長さになります。
❷ 1Lを4等分した2こ分のかさになります。
❸ 1Lを6等分した4こ分のかさになります。
❷❹ 1Lは$\frac{10}{10}$Lと表せるので、$\frac{1}{10}$Lの10こ分です。
❹❸ $\frac{1}{8}+\frac{7}{8}=\frac{8}{8}=1$
❼ $1-\frac{3}{6}=\frac{6}{6}-\frac{3}{6}=\frac{3}{6}$
❽ $1-\frac{1}{8}=\frac{8}{8}-\frac{1}{8}=\frac{7}{8}$

93ページ まとめのテスト

1 ❶ $\frac{1}{7}$m　❷ $\frac{1}{4}$L

2 ❶ 5こ　❷ 7こ　❸ 6こ
❹ 9こ

3 ❶ ㋐ $\frac{1}{8}$　㋑ $\frac{2}{8}$　㋒ $\frac{5}{8}$　㋓ $\frac{10}{8}$
❷

4 ❶ ＞　❷ ＜　❸ ＝

5 ❶ 式 $\frac{4}{7}+\frac{2}{7}=\frac{6}{7}$　答え $\frac{6}{7}$m
❷ 式 $\frac{4}{7}-\frac{2}{7}=\frac{2}{7}$　答え $\frac{2}{7}$m

てびき **2**❹ 1は$\frac{9}{9}$と表せるので、$\frac{1}{9}$を9こ集めた数になります。
3 1目もりの大きさを考えます。0と1の間を8等分しているので、1目もりの大きさは$\frac{1}{8}$です。
❶ ㋓ 目もり10こ分なので、$\frac{10}{8}$です。このように分子が分母より大きい数になる分数もあります。
4❶ $\frac{1}{10}=0.1$なので、$\frac{6}{10}$は0.6です。
0.6は0.1の6こ分、0.5は0.1の5こ分なので、$\frac{6}{10}>0.5$です。
5❶ 合わせた長さは、たし算でもとめます。
❷ 長さのちがいは、ひき算でもとめます。

⑯ 重さの表し方やしくみを調べよう

94・95ページ きほんのワーク

きほん1 590、10、2、1、100
答え 590、1、100

❶ ❶ 2　❷ 4　❸ 筆箱、2

❷ ❶ 890g　❷ 260g　❸ 900g
❹ 1600g

きほん2 1000、1000、1000
答え 1000、1000、1、1000

❸ ❶ 1　❷ 1　❸ 1
❹ 100　❺ 8、300

きほん3 2、900、1500　答え 2、900、1、500

❹ ❶ 400g　❷ 23kg
❸ 4kg500g(4500g)
❹ 4kg300g(4300g)

てびき ❷ はかりのいちばん小さい1目もりの大きさに注意して、目もりを読み取りましょう。
❶❷ いちばん小さい1目もりは5gです。
❸❹ いちばん小さい1目もりは10gです。
❹ 同じたんいの重さどうしの計算をします。
❹ 500g＋3kg800g＝3kg1300g
＝4kg300g
または、3kg800g＝3800gより、
500g＋3800g＝4300g

96ページ 練習のワーク

❶ ❶ 筆箱　❷ セロハンテープ
❸ 国語の教科書とじしゃく
❹ 60g

❷ 式 1kg100g－300g＝800g　答え 800g

❸ ❶ kg　❷ t

てびき ❶❹ つみ木1この重さは30gなので、セロハンテープは30gの2こ分で60gになります。
❷ 1kg100g－300g＝1100g－300g
＝800g

97ページ まとめのテスト

1 ❶ 360g
❷ 1260g(1kg260g)
❸ 800g
❹ 3600g(3kg600g)

2 3800g、3kg80g、3kg、2800g

3 ❶ 9000 ❷ 7
❸ 1005 ❹ 2、180
❺ 5000 ❻ 1.8
❼ 43、600 ❽ 1

4 式 350g+2kg700g=3kg50g
答え 3kg50g

5 式 1kg−350g=650g 答え 650g

てびき **1** ❶ いちばん小さい1目もりは5gを表しています。
❷ いちばん小さい1目もりは10gを表しています。
❸❹ 100gごとの目もりで読み取ります。
2 たんいをgにそろえて、重さをくらべます。
3kg=3000g、3kg80g=3080g
4 350g+2kg700g=2kg1050g
=3kg50g
または、2kg700g=2700gより、
350g+2700g=3050g=3kg50g
5 1kg−350g=1000g−350g=650g

⑰ 数のかんけいを□を使った式で表そう

98・99ページ きほんのワーク

きほん1 25、7 答え 7

❶ ❶ □+120=700
❷ 式 □=700−120 □=580 答え 580g

❷ ❶ □−7=21
❷ 式 □=7+21 □=28 答え 28人

きほん2 9、8 答え 8

❸ ❶ 8×□=40
❷ 式 □=40÷8 □=5 答え 5こ

❹ ❶ □×4=32
❷ 式 □=32÷4 □=8 答え 8才

❺ 式 □÷10=7
□=10×7 □=70 答え 70こ

てびき ❶
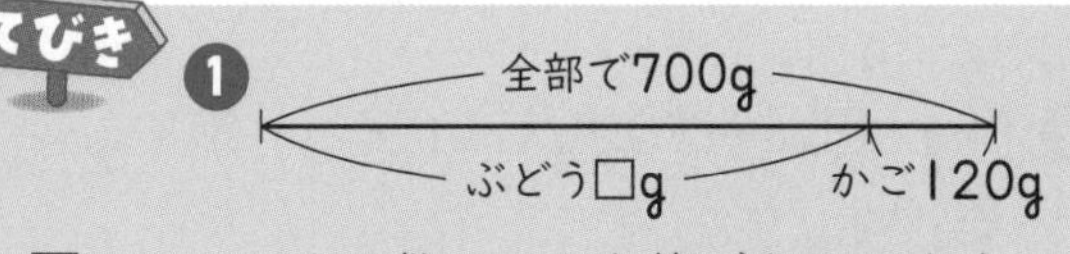

□にあてはまる数は、ひき算でもとめます。

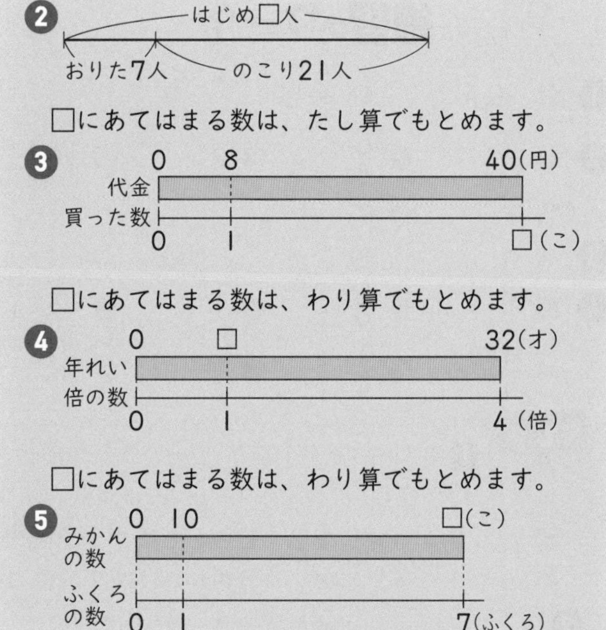

□にあてはまる数は、たし算でもとめます。

□にあてはまる数は、わり算でもとめます。

□にあてはまる数は、わり算でもとめます。

□にあてはまる数は、かけ算でもとめます。

100ページ 練習のワーク

❶ ❶ 式 58+□=73 答え 15箱
❷ 式 □+17=72 答え 55まい
❸ 式 □−300=500 答え 800円
❹ 式 6×□=54 答え 9箱
❺ 式 □÷9=3 答え 27本

てびき ❶ ❶ 今日作った箱の数を□箱とするから、式は58+□=73です。□にあてはまる数は、ひき算でもとめます。
❷ はじめにあった数を□まいとするから、式は□+17=72です。□にあてはまる数は、ひき算でもとめます。
❸ 持っていたお金を□円とするから、式は□−300=500です。□にあてはまる数は、たし算でもとめます。
❹ 買った箱の数を□箱とするから、式は6×□=54です。□にあてはまる数は、わり算でもとめます。
❺ 全部のえん筆の数を□本とするから、式は□÷9=3です。□にあてはまる数は、かけ算でもとめます。

101ページ まとめのテスト

1 ❶ 式 □+10=18 答え 8こ
❷ 式 □−150=550 答え 700mL
❸ 式 □×4=36 答え 9円

❹ 式 □÷6=9　答え 54 こ

2 ❶ 45　❷ 140　❸ 6　❹ 28

⑱ 表やグラフから読み取ろう

102ページ きほんのワーク

きほん1 8、7、30、すし　答え 30、すし

1 ❶ 18人
❷ すし
❸ 右の表
❹ 30人
❺ 60人

3年生のすきな食べもの(人)

しゅるい＼組	1組	2組	合計
カレーライス	10	8	18
すし	8	11	19
とりのからあげ	7	6	13
ハンバーグ	5	5	10
合計	30	30	60

てびき **1**❶ カレーライスのところの目もりが表す大きさを読み取ると、1組が10人、2組が8人います。
❷ カレーライスが18人、すしが8+11=19より、19人います。
合わせた人数をくらべたいときは、右のようなぼうを上に重ねた「つみ上げぼうグラフ」をかくとわかりやすくなります。このグラフでは、全体でどれがいちばん多いかがすぐにわかります。

3年生のすきな食べもの

(人)　1組　2組
20
10
0
カレーライス　すし　とりのからあげ　ハンバーグ

103ページ まとめのテスト

1 ❶ カレーライス　❷ 9人
❸

1組の2番目にすきな食べもの

しゅるい	人数(人)
カレーライス	9
すし	10
とりのからあげ	5
ハンバーグ	6
合計	30

2組の2番目にすきな食べもの

しゅるい	人数(人)
カレーライス	13
すし	8
とりのからあげ	4
ハンバーグ	5
合計	30

2 ❶ ㋑　❷ ㋐

てびき **1**❷ すきな食べものを2しゅるいえらんだとき、1組でカレーライスを書いた人数は、表から19人とわかります。102ページ❶の表から、1しゅるいえらんだときにカレーライスを書いた人数は10人とわかるので、19−10=9より、9人です。
❸ それぞれの人数を❷と同じように調べます。

⑲ そろばんの使い方を学ぼう

104・105ページ きほんのワーク

きほん1 2、8、5、4、285.4　答え 285.4

1 ❶ 1701　❷ 4.6

きほん2 答え 8

2 ❶ 9　❷ 6　❸ 12

きほん3 答え 3

3 ❶ 2　❷ 1　❸ 5

きほん4 答え 16万、1.7

4 ❶ 12万　❷ 4万　❸ 2.1
❹ 2.6

106ページ 練習のワーク

1 百、十、一、小数第一位

2 ❶ 51　❷ 306　❸ 9070
❹ 28.4

3 ❶ 5　❷ 5　❸ 17
❹ 8　❺ 7万　❻ 5万
❼ 13万　❽ 9万　❾ 1.5
❿ 0.3　⓫ 2　⓬ 1.2

107ページ まとめのテスト

1 ❶ 80629　❷ 340.7

2 ❶ 8　❷ 8　❸ 5
❹ 10　❺ 11　❻ 13
❼ 2　❽ 5　❾ 4
❿ 8　⓫ 12　⓬ 7

3 ❶ 18万　❷ 11万　❸ 2万
❹ 1.3　❺ 0.4　❻ 1.3

⑳ 3年のふく習をしよう

108ページ まとめのテスト❶

1 ❶ 3　❷ 51

❸ 2700、27　❹ 9
❺ 17　❻ 9　❼ <

2 ❶ 902　❷ 534　❸ 2520
❹ 2072　❺ 42　❻ 8あまり4
❼ 10　❽ 11.6　❾ 2.8
❿ 5.3　⓫ $\frac{8}{9}$　⓬ $\frac{1}{4}$

3 式 85×12=1020　答え 1020円

4 式 □×8=72
□=72÷8　□=9　答え 9こ

てびき

2 ❶
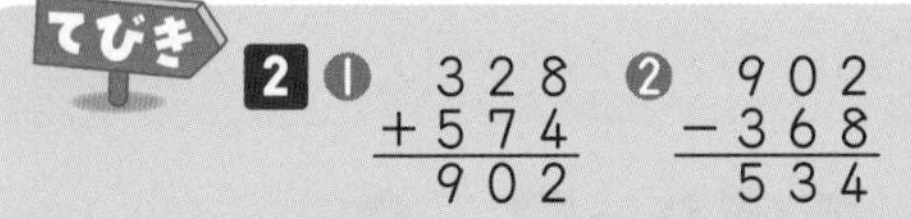

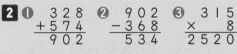

$$\begin{array}{r} 328 \\ +574 \\ \hline 902 \end{array}$$

❷
$$\begin{array}{r} 902 \\ -368 \\ \hline 534 \end{array}$$

❸
$$\begin{array}{r} 315 \\ \times\quad 8 \\ \hline 2520 \end{array}$$

❹
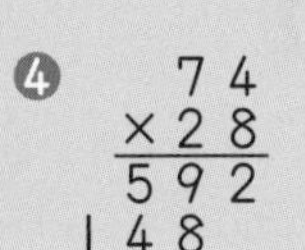

$$\begin{array}{r} 74 \\ \times 28 \\ \hline 592 \\ 148 \\ \hline 2072 \end{array}$$

❼
$$\begin{array}{r} 4.8 \\ +5.2 \\ \hline 10.0 \end{array}$$

❽
$$\begin{array}{r} 7.0 \\ +4.6 \\ \hline 11.6 \end{array}$$

❾
$$\begin{array}{r} 9.1 \\ -6.3 \\ \hline 2.8 \end{array}$$

❿
$$\begin{array}{r} 8.0 \\ -2.7 \\ \hline 5.3 \end{array}$$

109ページ　まとめのテスト❷

1 ❶ 3800　❷ 4、70　❸ 72
❹ 1、29　❺ 5、570　❻ 1000

2 ❶ 1時間30分
❷ 45分後の時こく…午後4時15分
45分前の時こく…午後2時45分

3 ❶ 560g　❷ 3300g

4 式 380g+560g+800g=1740g
答え 1kg740g

110ページ　まとめのテスト❸

1 ❶
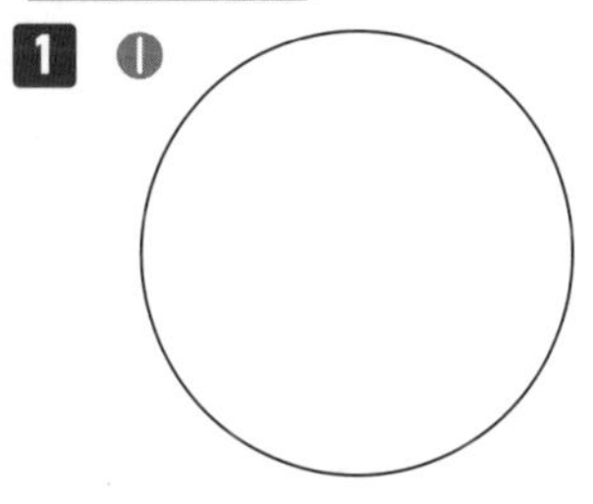

❷
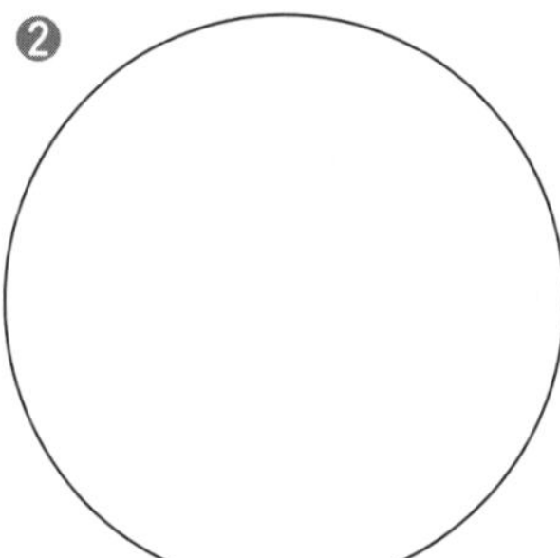

2 ❶
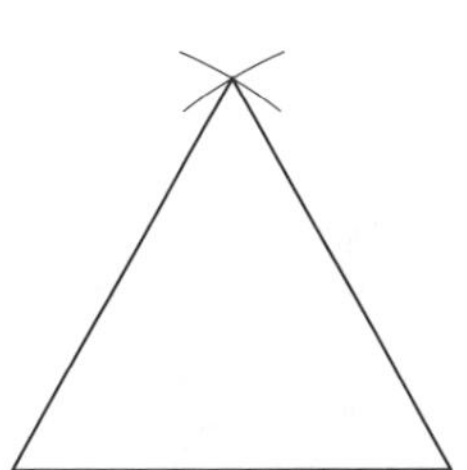
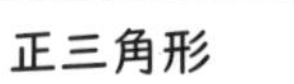
正三角形

❷
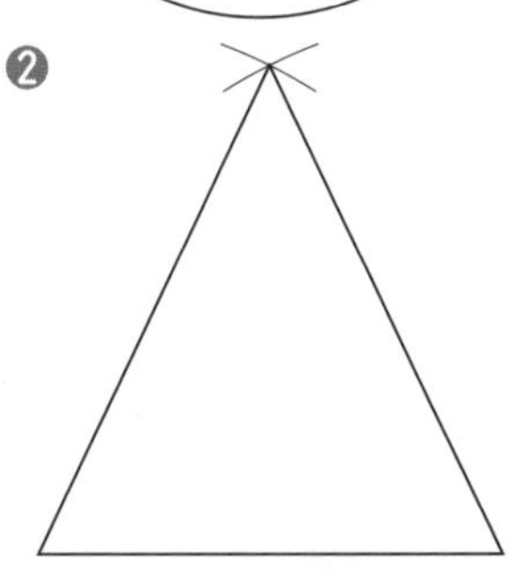
二等辺三角形

3 ❶ 正三角形　❷ 正三角形

てびき

1 ❷ 40mm=4cmだから、半径2cmの円をかきます。

2 ❶ 3つの辺の長さが等しいので、正三角形です。
❷ 2つの辺の長さが等しいので、二等辺三角形です。

3 ❶ 辺アイ、アウ、イウは、どれも3つの円の半径だから、長さが等しいので、三角形アウイは、正三角形になります。
❷ 三角形エオカは、3つの円の直径を、3つの辺とする正三角形になります。

111ページ　まとめのテスト❹

1 ❶

すきな動物べつの人数　(人)

しゅるい		うさぎ	ねこ	犬	ライオン	その他
人数	正の字で	𠀋	正𠀌	正𠀋	正	𠀋
	数字で	4	8	9	5	4

❷
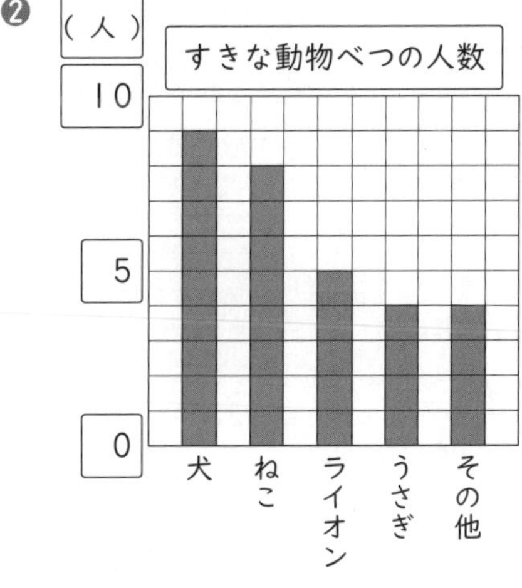

❸ 式 8÷4=2　答え 2倍
❹ 式 9+8+5+4+4=30　答え 30人

たしかめよう!

1 ❷ ぼうグラフに表すときは、人数の多いじゅんにならべます。その他は、数が多くてもさいごにします。

● すじ道を立てて考えよう

112ページ　学びのワーク

きほん1 2、⑤、⑤、1　答え 4

1 ❶ 10　❷ 1

実力判定(はんてい)テスト　答えとてびき

夏休みのテスト①

1 ❶ 9
❷ 14、8、56、70

2 ❶ 0　❷ 0　❸ 40

3 45 分間

4 ❶ 6　❷ 8　❸ 31

5 ❶ 式 56÷8=7　答え 7cm
❷ 式 56÷7=8　答え 8 本

6 ❶ 110　❷ 1、46

7 ❶ 6050　❷ 2、78

8 ❶ 1150　❷ 5901　❸ 292
❹ 5808

9 式 5000−3568=1432　答え 1432 円

10 ❶ (あ)35　(い)34　(う)31　(え)30
(お)32　(か)38　(き)100
❷ 西町

てびき
3 ちょうどの時こくの 4 時までが 10 分間なので、10+35=45(分間)
10 ❷ (え)、(お)、(か)にあてはまる数のうち、いちばん大きい数を調べましょう。

夏休みのテスト②

1 ❶ 8　❷ 2　❸ 1、25
❹ 1、40

2 ❶ 70　❷ 0　❸ 0
❹ 3　❺ 0　❻ 1

3 145 秒、2 分、1 分 55 秒、90 秒

4 ❶ 663　❷ 8061　❸ 577
❹ 388

5 2 時間 30 分

6 きょり…750m　道のり…1km100m

7 式 875−658=217　答え 217 まい

8 ❶ (あ)23　(い)13　(う)36　(え)14　(お)7
(か)21　(き)37　(く)20　(け)57
❷ 57 台

てびき
1 ❶❷ かけ算のきまりを使います。
❸❹ 60 分= 1 時間
6 道のりは 300m+800m=1100m より、1km100m です。
8 ❷ 表の(け)に入る数が、10 分間に校門の前の道を通った乗用車とトラックの台数の合計になります。

冬休みのテスト①

1 ❶ 答え 6 あまり 2　たしかめ 6×6+2=38
❷ 答え 5 あまり 3　たしかめ 9×5+3=48

2 ❶ 240　❷ 3600　❸ 336
❹ 3647

3 ❶ 72051064　❷ 832000
❸ 100000000　❹ 5260

4 6cm

5 ❶ 43　❷ 0.2　❸ 7.9

6 ❶ 3.1　❷ 8.6　❸ 7.3　❹ 7
❺ 3.3　❻ 0.7　❼ 0.9　❽ 1.9

7 ❶ 正三角形　❷ 二等辺三角形

てびき
1 あまりがわる数より小さくなっているか、たしかめましょう。
4 この円の直径は、正方形の 1 辺の長さと等しいので、12cm です。半径は、直径の半分なので、12 ÷ 2=6 より、6cm です。
6 ❻ 7.0 −6.3 = 0.7　←7 を 7.0 と考えると、位をそろえやすくなります。

冬休みのテスト②

1 ❶ 480　❷ 4900　❸ 148
❹ 330　❺ 2334　❻ 2601

2 (あ) 7400 万　(い) 8700 万　(う) 9500 万
(え) 1 億

3 5800、58000、580000、58

4 たて…18cm　横…12cm

5 式 39÷4=9 あまり 3
答え 9 本取れて、3m のこる。

6 ❶ 9.3　❷ 6.7　❸ 10.1　❹ 7.4
❺ 1.6　❻ 1.8

7 (う)の角

てびき
2 いちばん小さい 1 目もりは、10 こで 1000 万になる数だから、100 万を表します。
3 どんな数でも 10 倍すると、どの数字も位が 1 つ上がります。また、一の位に 0 のある数を 10 でわると、どの数字も位が 1 つ下がります。
4 ボールの直径は、3×2=6 より、6cm です。箱のたての長さはボールの直径の 3 こ分の長さで、横の長さは直径の 2 こ分の長さです。

学年末のテスト①

1 ❶ 0　❷ 30　❸ 266
❹ 1176　❺ 41　❻ 8 あまり 4
❼ 822　❽ 386

2 20 分間

3

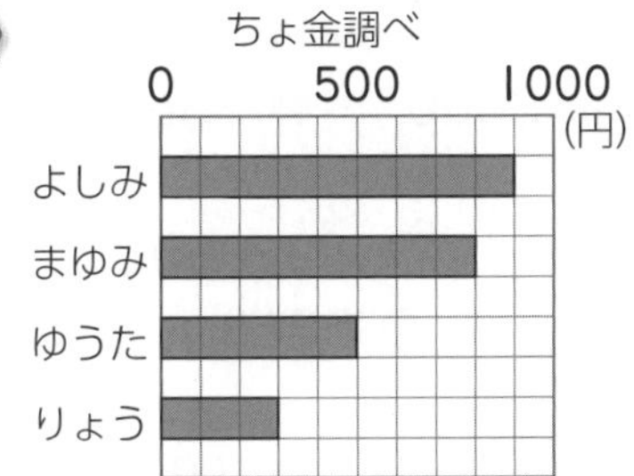

4 ❶ 3478　❷ 3995　❸ 14712
❹ 44384

5 ❶ $\frac{3}{6}$　❷ $\frac{6}{7}$　❸ $\frac{5}{9}$　❹ $\frac{8}{10}$

6 ❶ 8000　❷ 2000　❸ 2300
❹ 6、450

7 式 □+23=50　答え 27 まい

てびき **3** 横のじくの 1 目もりは、いちばん多い 900 円がかけるようにすればよいので、1 目もり 100 円にします。
6 1kg=1000g、1t=1000kg です。

学年末のテスト②

1 ❶ 2、750　❷ 8030

2 式 24×3=72　答え 72 まい

3 しょうりゃく

4 式 6.2+2.4=8.6　答え 8.6 L

5 二等辺三角形

6 ❶ <　❷ =

7 ❶ 64　❷ 4745　❸ 8878
❹ 39445

8 ❶ 式 $\frac{5}{8}+\frac{3}{8}=1$　答え 1 L
❷ 式 $\frac{5}{8}-\frac{3}{8}=\frac{2}{8}$　答え $\frac{2}{8}$ L

9 式 1kg200g−300g=900g　答え 900g

10 式 63÷□=7　答え 9 人

てびき **5** 三角形の 2 つの辺は、円の半径になっています。2 つの辺の長さが等しいので、二等辺三角形です。
6 小数か分数になおして考えます。
$\frac{3}{10}=0.3$、$0.4=\frac{4}{10}$
9 1kg200g を 1200g として考えます。

まるごと 文章題テスト①

1 午前 7 時 50 分

2 式 42÷7=6　答え 6 問

3 式 90÷9=10　答え 10 本

4 式 76÷8=9 あまり 4
答え 9 本になって、4 本あまる。

5 式 2194+1507=3701　答え 3701 まい

6 式 237×5=1185　答え 1185m

7 式 2.5−1.6=0.9　答え 0.9 L

8 式 155×23=3565
4000−3565=435　答え 435 円

9 ❶ 式 $\frac{4}{5}+\frac{1}{5}=1$　答え 1m
❷ 式 $\frac{4}{5}-\frac{1}{5}=\frac{3}{5}$　答え $\frac{3}{5}$m

てびき **1** 8 時 15 分より 25 分前の時こくを考えます。
2 1 週間は 7 日なので、42 問を 7 つに分けます。
4 あまった本数がわる数の 8 より小さいことをたしかめましょう。
8 まず、買うボールペンの代金をもとめます。

まるごと 文章題テスト②

1 式 60÷7=8 あまり 4　答え 8 本

2 式 39÷3=13　答え 13 こ

3 式 8524−4897=3627　答え 3627 こ

4 式 35÷7=5　答え 5 たば

5 式 400×2×3=2400　答え 2400 円

6 式 6300÷10=630　答え 630 まい

7 式 8.3+3.8=12.1　答え 12.1cm

8 式 28×52=1456　答え 14m56cm

9 式 $\frac{7}{9}-\frac{2}{9}=\frac{5}{9}$　答え $\frac{5}{9}$ L

10 式 1kg400g−450g=950g　答え 950g

てびき **1** あまりの 4dL では 7dL 入ったびんは作れないので、あまりは考えません。
5 先にノートの数を考えると、2×3=6 より 6 さつひつようです。400×6=2400 より 2400 円と考えることもできます。
7 38mm=3.8cm です。たんいをそろえてから計算します。8.3cm を 83mm として計算して、答えを cm になおすしかたもあります。
8 答えを書くときのたんいに気をつけましょう。
10 1kg400g を 1400g として考えます。

3 2 1 0 9 8 7 6 5 4
* * D C B A